Zoheir Tir

Conception d'un Alternateur de Grande Puissance

Zoheir Tir

Conception d'un Alternateur de Grande Puissance

Etude Comparative avec celui de la Centrale de Sonelgaz HMO en Algérie

Presses Académiques Francophones

Impressum / Mentions légales
Bibliografische Information der Deutschen Nationalbibliothek: Die Deutsche Nationalbibliothek verzeichnet diese Publikation in der Deutschen Nationalbibliografie; detaillierte bibliografische Daten sind im Internet über http://dnb.d-nb.de abrufbar.
Alle in diesem Buch genannten Marken und Produktnamen unterliegen warenzeichen-, marken- oder patentrechtlichem Schutz bzw. sind Warenzeichen oder eingetragene Warenzeichen der jeweiligen Inhaber. Die Wiedergabe von Marken, Produktnamen, Gebrauchsnamen, Handelsnamen, Warenbezeichnungen u.s.w. in diesem Werk berechtigt auch ohne besondere Kennzeichnung nicht zu der Annahme, dass solche Namen im Sinne der Warenzeichen- und Markenschutzgesetzgebung als frei zu betrachten wären und daher von jedermann benutzt werden dürften.

Information bibliographique publiée par la Deutsche Nationalbibliothek: La Deutsche Nationalbibliothek inscrit cette publication à la Deutsche Nationalbibliografie; des données bibliographiques détaillées sont disponibles sur internet à l'adresse http://dnb.d-nb.de.
Toutes marques et noms de produits mentionnés dans ce livre demeurent sous la protection des marques, des marques déposées et des brevets, et sont des marques ou des marques déposées de leurs détenteurs respectifs. L'utilisation des marques, noms de produits, noms communs, noms commerciaux, descriptions de produits, etc, même sans qu'ils soient mentionnés de façon particulière dans ce livre ne signifie en aucune façon que ces noms peuvent être utilisés sans restriction à l'égard de la législation pour la protection des marques et des marques déposées et pourraient donc être utilisés par quiconque.

Coverbild / Photo de couverture: www.ingimage.com

Verlag / Editeur:
Presses Académiques Francophones
ist ein Imprint der / est une marque déposée de
OmniScriptum GmbH & Co. KG
Heinrich-Böcking-Str. 6-8, 66121 Saarbrücken, Deutschland / Allemagne
Email: info@presses-academiques.com

Herstellung: siehe letzte Seite /
Impression: voir la dernière page
ISBN: 978-3-8381-4880-9

Copyright / Droit d'auteur © 2014 OmniScriptum GmbH & Co. KG
Alle Rechte vorbehalten. / Tous droits réservés. Saarbrücken 2014

Remerciements

Ce travail a été effectué à la centrale de Hassi Messaoud Ouest en Algérie. Cette dernière période fut enrichissante et pleines d'activité grâce au bon Dieu tout puissant, qui ma donné volonté, patience et santé. J'ai eu la chance d'évoluer parmi des personnes qui m'ont toujours assuré de leur soutien.

Je tiens à remercier très sincèrement :

La première personne est mon directeur de mémoire Mr Azzedine BENOUJIT, Professeur à l'Université de Batna qui, sereinement, m'a orienté, corrigé et conseillé durant ce projet. Sa rigueur a été capitale dans l'atteinte des objectifs de ma mémoire.

Je remercie aussi Mr A. Bendrisse Ingénieur en Electronique à la Centrale de Hassi Messaoud Ouest en Algérie, et Mr T. Allali Chef du Magasin au niveau de la Centrale de Hassi Messaoud Ouest, et Mr S. Noureddine, et tous les gents qui sont travaillés en la Centrale de HMO, pour leurs aides.

Je remercie vivement le Mr Bachir ABDELAHDI, Maître de conférences à l'Université de Batna. Je tiens à lui pour leur aide.

Je ne peux oublier le Mr Rachid ABDESSAMED, Professeur à l'Université de Batna et Directeur du Laboratoire de recherche LEB. Pour l'intérêt qu'il a constamment porté à ma formation.

Je suis aussi redevable à tout les enseignants et personnel administratif du département d'électrotechnique de l'université de Batna, et je témoigne ma reconnaissance à toute personne m'ayant aidé de près ou de loin à traité de ce travail.

Je ne saurais terminer ces remerciements sans mentionner, tous mes amis de la promotion Ingénieur 2006/20007 Option Machines Electriques..

« Tout ce que je sais, c'est que je ne sais rien »
Platon

Dédicaces

Je tiens à dédier ce travail à :

Ma chère Mère, puis ma chère Mère, et puis aussi ma chère Mère, pour sa soutienne, sa patience et s'aide pour me faciliter le tache durant toute cette période, Que Dieu elle garde ;

Mon chère père qui a mis à ma disposition tous les moyens depuis m'étude primaire jusqu'à présent, Que Dieu il garde ;

Mes chers frères : Mouhamed Ridha, Mouatez Be-Allah, Que Dieu ils gardent ;

Mes chères sœurs : Mahdia, et son mari B. Lamine, et sa fille Ebtissame, et Salima et son Fiancer B. Salah, et Sabrina, Asmaa, et surtout Djihad ;

Tous les Parents Maternels, et les Parents Paternels, et leurs familles,

Mes cousins et leurs familles ;

Sans oublier mes collègues, et tous mes amis, Sans d'exception

إلى إخواني في كل مكان... اهدي هذا العمل المتواضع..

Chapitre I
Introduction aux Centrales de Production

INTRODUCTION GENERALE	21
DE L'ENERGIE ELECTRIQUE	23
I.1 INTRODUCTION	23
1.2 HISTOIRE ET EVOLUTION DE LA SONELGAZ, [3.S]	24
1.3 PRODUCTION ET CONSOMMATION D'ELECTRICITE EN L'ALGERIE, [3.S]	28
1.3.1 LA PRODUCTION EN ALGERIE	28
1.3.2 DISPONIBILITE - CONSOMMATION SPECIFIQUE, [3.S]	28
1.4 REPARTITION PAR SOURCES DANS LE MONDE [4.S]	29
1.5 TYPES DES CENTRALES ELECTRIQUES, [2.S]	30
1.5.1 CENTRALES THERMIQUES A FLAMME, [2.S]	30
1.5.1.1 Centrales conventionnelles à chaudières [2.S]	31
1.5.1.2 Turbines à gaz [2.S]	31
1.5.1.3 Obstacles, défauts ou inconvénients [2.S]	32
1.5.1.4 Avantages [2.S]	33
1.5.2 CENTRALES NUCLEAIRES [2.S]	33
1.5.3 ÉNERGIES RENOUVELABLES [2.S]	33
1.5.3.1 Centrale hydroélectrique	34
1.5.3.2 Éolienne [2.S]	35
1.5.3.3 Énergie solaire [2.S]	36

1.5.3.4 Centrale solaire photovoltaïque [2.S] 37
1.5.3.5 Énergie solaire thermique [2.S] 37
1.5.3.6 Marémotrice ou maréthermique [2.S] 39
1.5.3.7 Géothermique [2.S] 40

I.7 CONCLUSION 41

Chapitre II
Introduction à la Centrale de Hassi Messaoud du Ouest

II.1 INTRODUCTION 42

2.2 GENERALITES ET CONSTITUANT DE LA CENTRALE DE HMO [21].
.... 43

2.3 DESCRIPTION DE QUELQUES SYSTEMES ET DISPOSITIVES [21]. 44

2.3.1 GENERALITES SUR LE GROUPE THERMIQUE TURBINE A GAZ [21]. 44

2.3.1.1 Dispositif de Lancement [21] 45
2.3.1.2 Principe de fonctionnement de la turbine à gaz, [21] 46
2.3.1.3 Cycles thermodynamiques [15] 49

2.3.2 SYSTEME DU COMBUSTIBLE [21] 50

2.3.3 TABLEAU DE CONTROLE TURBINE [21] 51

2.3.4 DESCRIPTION ET CARACTERISTIQUE DE L'ALTERNATEUR DE LA CENTRALE :
.... 51

2.3.4.1 Généralités sur les alternateurs. [3] 52
2.3.4.1 Stator, [3] 53
2.3.4.2 Rotor [3] 58
2.3.4.3 Réfrigérants [3] 63
2.3.4.4 Paliers [3] 63
2.3.4.5 Graissage [3] 64

2.3.4.6 Données principales de l'Alternateur de la centrale de HMO [3] 65

2.3.4.7 Principe des alternateurs de grande puissance [22]............ 66

2.3.4.8 Excitatrice [22] 67

9 Marche à vide : courbe de saturation [22] 73

2.3.4.10 Circuit équivalent d'un alternateur : réactance synchrone [22].. 74

2.3.4.11 Alternateur en charge [22] 77

2.3.4.12 Synchronisation des alternateurs [22]................................. 80

2.3.4.13 Procédure de synchronisation. [22] 81

2.3.4.13 Synchronisation au moyen de lampes [22]......................... 82

2.3.4.15 Interprétation physique du fonctionnement d'un alternateur [22].. 87

2.3.4.16 Puissance active débitée [22] 89

2.3.4.17 Commande de la puissance débitée, [22]. 91

II.4 CONCLUSION.. 92

Chapitre III
Calcul Pratique de L'alternateur

III.1 INTRODUCTION 93

3.2 BREF HISTORIQUE SUR LES MACHINES SYNCHRONES [5] 94

3.3 CARACTERISATION D'UNE MACHINE ELECTRIQUE [23]................ 97

3.3.1 DEGRES DE PROTECTION DES MACHINES ELECTRIQUES [24]..................... 98

3.3.2 LES MATERIAUX ISOLANTS [25] 99

3.3.3 TYPES DE REFROIDISSEMENT [24] 100

3.3.4 FORMES CONSTRUCTIVES POUR LES MACHINES ELECTRIQUES *[24]*......... 101

3.4 CLASSIFICATION DES MACHINES ELECTRIQUES [23] 102

3.4.1 CLASSIFICATION SELON LA PUISSANCE, [23]................................. 102

3.4.2 CLASSIFICATION SELON LA TENSION, [23]. 103

3.4.3 CLASSIFICATION SELON LA VITESSE (MACHINES TOURNANTES). [23]..... 104

3.4.4 CLASSIFICATION SELON LA FORME DU COURANT [23]. 104

   1. Machines tournantes à courant continu (M.C.C) :.................. *104*

   2. Machines tournantes à courant alternatif (M.C.A), [23]............... *105*

   3. Machines statiques : *105*

3.5 CALCUL PRATIQUE DE L'ALTERNATEUR 106

3.5.1 GRANDEURS NOMINALES DU TURBOALTERNATEUR :........................... 106

3.5.2 DIMENSIONS PRINCIPALES DE L'INDUIT 107

3.5.3 ENROULEMENT DU STATOR : 110

   3.5.3.8 Facteur de l'enroulement... *114*

   3.5.3.9 Facteur de forme de la courbe d'induction : *114*

3.5.4 DIAMETRE EXTERIEUR DE L'INDUIT 123

3.5.5 DIMENSIONS PRINCIPALES DU ROTOR 124

3.5.6 COURBE CARACTERISTIQUE DE LA MACHINE A VIDE 129

3.5.7 INDUCTION DANS LA CULASSE DU STATOR 134

3.5.8 CARACTERISTIQUES MAGNETIQUES POUR LES DENTS LARGES : 136

3.5.9 CARACTERISTIQUES MAGNETIQUES POUR LES DENTS ETROITES :.......... 137

3.5.11 REACTANCE DE FUITE DE L'ENROULEMENT DU STATOR 145

3.5.12 DIAGRAMME DES TENSIONS ET DES FORCES MAGNETOMOTRICES. 146

3.5.13 DIMENSIONNEMENT DE L'ENROULEMENT D'EXCITATION 147

   3.5.13.3 Profondeur de l'encoche rotorique *149*

3.5.14 MASSE DES MATIERES ACTIVES DE LA MACHINE 151

   3.5.15 Dimensions de l'alternateur conçu *152*

3.5.16 lignes moyenne d'induction *153*
3.5.17 Etude comparative *153*
3.6 INTERPRETATION DES RESULTATS *154*
3.7 CONCLUSION 155
CONCLUSION GENERALE 156

Liste des symboles

a	Nombre de voies d'enroulement pour machines à courants alternatifs polyphasées.
$2a$	Nombre de voies d'enroulement pour machines à courant continu.
A	Surface ; aire ; densité de courant linéaire.
b_a	Largeur de l'arc polaire.
b	Largeur.
b_{bo}	Largeur d'une bobine.
b_{co}	Largeur d'un conducteur.
b_{co_u}	Largeur d'un conducteur isolé.
b_{Cu}	Largeur totale du cuivre dans une encoche.
b_i	Arc polaire virtuel.
b_p	Largeur non bobinée des pôles de machines à pôles noyés, Largeur d'un épanouissement polaire.
b_{p_p}	Largeur non bobinée des pôles de machines à pôles noyés au niveau du pied.
b_{vt}	Largeur d'un canal de ventilation.
b'_{vt}	Perte de longueur l_a due à un canal de ventilation
b_z	Largeur d'une encoche.
B	Induction magnétique, susceptance.
$\hat{B}_j$	Induction de crête dans la culasse.
$\hat{B}_{max}$	Induction de crête maximale dans l'entrefer.
$\hat{B}_z$	Induction de crête dans une dent.
$\hat{B}_{z_Y}$	Induction réelle de crête dans une dent à la hauteur y.
$\hat{B}'_{z_Y}$	Induction apparente de crête dans une dent à la hauteur y.
$\hat{B}_Z$	Induction de crête dans l'encoche.
$\hat{B}_\delta$	Induction sur l'axe polaire dans l'entrefer.
C	Facteur d(utilisation.
c	Chaleur spécifique ; ouverture d'une bobine.
d	Diamètre, distance.
d_t	Distance de la tête de bobine à l'empilage

Liste des symboles

d_y Diamètre d'une circonférence passant par la dent à la hauteur y.

D Diamètre d'alésage.

D_{ar} Diamètre de l'arbre.

D_e Diamètre extérieur de la machine.

D_{excs} Diamètre extérieur de la culasse statorique.

D_{excr} Diamètre extérieur de la culasse rotorique.

D_i Diamètre intérieur de la machine.

D_{incs} Diamètre intérieur de la culasse statorique.

D_g Diamètre de giration.

D_{moycr} Diamètre moyen de la culasse rotorique.

D_{moycs} Diamètre moyen de la culasse statorique.

e Force électromotrice (F.E.M) instantanée.

E Valeur efficace de la F.E.M.

F Force.

$F.E.M.$ Force électromotrice.

$F.M.M.$ Force magnétomotrice.

f Fréquence (en Hz).

$\hat{F}$ Valeur de crête de la F.M.M.

$\hat{F}_c$ Valeur de crête de la F.M.M. pour un circuit.

h Hauteur

h_{bar} Hauteur d'une barre.

$h_{bar_{cr}}$ Hauteur critique d'une barre.

h_{bo} Hauteur d'une bobine.

h_{co} Hauteur d'un conducteur.

h'_{co} Hauteur d'un conducteur élémentaire.

$h'_{co_{is}}$ Hauteur d'un conducteur élémentaire isolé.

$h'_{co_{cr}}$ Hauteur critique d'un conducteur.

$h_{ep_{méd}}$ Hauteur moyenne d'un épanouissement polaire.

h_j Épaisseur d'une culasse.

h_p Hauteur totale du pole.

h_z Hauteur d'une encoche (et d'une dent).

h_ξ « Hauteur réduit » d'une encoche.

H (Intensité du) champ magnétique.

$\hat{H}_j$ Valeur de crête du champ magnétique dans la culasse.

Liste des symboles

$\hat{H}_p$ Valeur de crête du champ magnétique dans le noyau polaire.

$\hat{H}_{z_{méd}}$ Valeur de crête du champ magnétique « moyen » dans une dent.

$\hat{H}_{z_y}$ Valeur de crête du champ magnétique à la hauteur y dans une dent.

i Valeur instantanée du courant.

I Valeur efficace du courant.

I_{cc} Courant de court-circuit.

I_m Courant magnétisant.

J Densité de courant en A/m².

k Coefficient de transmission thermique résultant.

k_C Facteur de Carter.

$k_{co_{Cu}}$ Facteur de correction pour le calcul de la dispersion

k_{co_g} Facteur de correction pour le calcul de la dispersion.

k'_{co} Facteur pour le calcul de Λ_{ab}.

k_{cs} Facteur tenant compte des courants de compensation dans les conducteurs.

$k_{cs_{bo}}$ « Résistance additionnelle » aux têtes de bobines.

k_d Facteur de distribution d'un enroulement.

k_f Facteur de forme de la courbe d'induction.

k_F Facteur de remplissage, compte tenu du fonctionnement.

k_p Facteur de raccourcissement du pas.

k_s Facteur de saturation.

k_W Facteur d'enroulement ; facteur des courants de Foucault.

l Longueur.

l_a Longueur d'empilage.

l_{bo} Longueur moyenne de la tête de bobine.

l_{co} Longueur moyenne d'un conducteur.

l_{Cu} Longueur moyenne d'une spire pour l'ensemble des enroulements.

l_p Longueur de l'épanouissement polaire.

l_{Fe} Longueur d'empilage sans les canaux de ventilation.

Liste des symboles

l'_{Fe}	Longueur d'empilage d'un paquet de tôles élémentaires.	P_{Cu}	Pertes spécifiques totales dans le cuivre.
l_i	Longueur virtuelle d'induit.	P_{Fe}	Pertes spécifiques totales dans le fer.
l_j	Longueur du tronçon du circuit magnétique pour la culasse.	p_i	Puissance d'induit.
l_a	Longueur (profondeur) du noyau polaire.	P_{su}	Pertes spécifiques superficielles.
l_p	Longueur du rotor d'un alternateur.	P	Puissance ; pertes ; puissance active.
L	Inductance (coefficient de self-induction)	s	Largeur de la fonte d'encoche ; glissement ; épaisseur.
L_σ	Inductance de fuite.	s'	Largeur de la fonte d'encoche.
m	Nombre de phases ; masse.	s_t	Epaisseur de la tôle.
m_{Cu}	Masse du cuivre.	S_{co}	Section d'un conducteur.
m_{Fe}	Masse du fer.	S_p	Section d'un noyau polaire.
M	Inductance mutuelle (coefficient d'induction mutuelle) ; moment (d'un couple).	S_z	Section de la dent.
		S_{z_y}	Section de la dent à la hauteur y.
n	Vitesse de rotation	U	Différence de potentiel magnétique.
n_{ph}	Nombre de bobines simples par phase.	$\hat{U}$	Valeur de crête de la chute de potentiel magnétique.
n_{vt}	Nombre de canaux de ventilation.	$\hat{U}_j$	Valeur de crête de la chute de potentiel magnétique dans la culasse.
N	Nombre de spires en série.		
p	Nombre de paire de pôles ; périmètre.		

Liste des symboles

- $\hat{U}_p$ Valeur de crête de la chute de potentiel magnétique dans un pôle.
- $\hat{U}_z$ Valeur de crête de la chute de potentiel magnétique dans les dents.
- $\hat{U}_\sigma$ Valeur de crête de la chute de potentiel magnétique de dispersion.
- v Vitesse en m/s ; valeur instantanée de la tension électrique.
- V_a Tension d'induit.
- V_{cc} Tension de court-circuit.
- V_σ Tension de dispersion (fuite).
- V_Q Chute de tension ohmique.
- y Pas d'enroulement.
- W Energie.
- W_m Energie magnétique.
- X Réactance.
- X_m Réactance magnétisante.
- X_σ Réactance de fuite.
- z Nombre (totale) de conducteurs.
- z_y Largeur d'une dent à la hauteur y.
- Z Nombre d'encoches ; impédance.
- α_S Rapport de sections.
- α_d Facteur pour le calcul de Λ_{ad}.
- β Arc polaire relatif : $\dfrac{b_p}{\tau_p}$.
- β_c Rapport $\dfrac{c}{\tau_p}$; facteur de « couverture » pour le calcul de l'échauffement.
- δ Epaisseur de l'entrefer sur l'axe polaire ; épaisseur d'isolation.
- δ' Epaisseur d'entrefer fictif.
- $\Delta\theta$ Accroissement de température ; écart de temps écart de température.
- λ Coefficient de perméance ; (coefficient de) conductivité thermique ; rapport de longueur
- $\lambda_{rés}$ Conductivité thermique résultante.
- λ_σ Coefficient de perméance de dispersion (fuite).
- λ_{ob} Coefficient de dispersion des têtes de bobine.

Liste des symboles

$\lambda_{\sigma z}$	Coefficient de dispersion des têtes de dents.	Q_{Cu}	Masse spécifique du cuivre.
$\lambda_{\sigma Z}$	Coefficient de dispersion des encoches.	Q_{Fe}	Masse spécifique du fer.
		Q_θ	Résistivité à la température.
$\lambda_{\sigma Z_a}$	Coefficient de dispersion des encoches en courant alternatif.	σ	Coefficient de dispersion de Blondel.
Λ	Perméance.	τ	Constante de temps.
Λ_σ	Perméance de dispersion.	τ_p	Pas polaire.
$\Lambda_{\sigma b}$	Perméance de dispersion des têtes de bobines.	τ_Z	Pas dentaire.
		τ_{Z_y}	Pas dentaire à la hauteur y.
$\Lambda_{\sigma d}$	Perméance de dispersion des rentielle.	$\tau_{Z_{méd}}$	Pas dentaire moyen.
$\Lambda_{\sigma t}$	Perméance de dispersion différentielle des têtes de bobines.	φ	Angle de déphasage entre tension et courant.
		ϕ	Flux magnétique en wb.
		$\hat{\phi}$	Flux par pôle.
$\Lambda_{\sigma p}$	Perméance de dispersion entre les épanouissements polaires.	$\hat{\phi}_c$	Flux commun.
		$\hat{\phi}_j$	Flux dans la culasse.
$\Lambda_{\sigma n}$	Perméance de dispersion entre mes noyaux polaires.	$\hat{\phi}_p$	Flux dans le noyau polaire.
		$\hat{\phi}_z$	Flux maximal dans la dent.
$\Lambda_{\sigma z}$	Perméance de dispersion des têtes de dents.	$\hat{\phi}_Z$	Flux maximal dans l'encoche.
		$\hat{\phi}_\sigma$	Flux de dispersion.
$\Lambda_{\sigma Z}$	Perméance de dispersion des encoches.	$\hat{\phi}_\tau$	Flux maximal correspondant à un pas dentaire.
μ	Perméabilité.	ψ	Angle de déphasage entre F_{aq} et F_{a1} ; angle de déphasage entre E et I ; facteur pour le calcul de $\Delta\theta_{méd}$.
μ_r	Perméabilité relative.		
μ_0	Perméabilité.		
Q	Résistivité ; masse spécifique.		

Liste des symboles

w	Pulsation.
a	Induit ; ambiant ; alternatif ; voie d'enroulement ; initial.
ac	Accélération.
ad	Additionnel.
ai	Air.
an	Anneau de court-circuit.
b	Balais ; bobine ; tête de bobines.
ba	Barre.
bo	Bobine ; tête bobine.
B	Induction.
c	Carter ; « couverture » ; cuve ; contact ; couche ; continu ; commun ; corne polaire.
cc	Court-circuit.
ch	Charge.
ci	Circuit.
co	Conducteur.
cou	Couvercle.
cr	Critique.
cs	Compensation.
Cu	Cuivre.
d	Différentielle.
$déc$	Décrochement.
$dém$	Démarrage.
e	Extérieur ; excitation ; périmètre.
ea	Eau.
ep	Epanouissement.
eq	Equivalent.
f	Forme ; frottement ; final.
fr	Freinage.
F	Remplissage (foisonnement).
Fe	Fer.
g	Gaine ; giration.
h	Hystérésis ; huile.
H	Heyland.
i	Intérieur ; virtuel ; intérieur.
is	Isolation.
j	Culasse.
k	Convection.
m	Magnétisant ; milieu.
max	Maximal.
$méd$	Moyen.
min	Minimal.
n	Nominal ; noyau.
0	Ouvert ; à vide.
p	Pôle ; raccourcissement du pas ; pied de la dent.
pa	Paquet.
ph	Phase.
r	Radial ; remplissage ; relatif.
ref	Refroidissement.
$rés$	Résultant.
R	Résistance.

Liste des symboles

s	Synchrone ; rayonnement ; supérieur ; saturation ; superposé ; apparent.
sp	Supplémentaire.
su	Superficiel.
t	Tête ; température (tête de bobines).
th	Thermique.
tot	Total.
tu	Tube.
u	Utile.
$vent$	Ventilateur.
vt	Ventilation.
w	Enroulement ; courants parasites (de Foucault) ; pôle de commutation.
x	Abscisse.
y	Ordonnée.
z	Dent.
Z	Encoche.
δ	Entrefer.
σ	Dispersion.

Liste des figures

Fig. I. 1 Centrale de la Sonelgaz de la production électrique Algérienne, [3.S]. 27
Fig. I. 2 Centrale thermique de Chicago (USA), [2.S]. 30
Fig. I. 3 Centrale thermique à flamme à Porcheville (Yvelines) en France, [2.S]. 31
Fig. I. 4 Centrale nucléaire de Cattenom en France, [2.S]. 32
Fig. I. 5 Centrale hydroélectrique en Allemagne [2.S] 35
Fig. I. 6 Parc éolien en Autriche, [2.S]. 36
Fig. I. 7 Centrale solaire photovoltaïque, [2.S]. 36
Fig. I. 8 Centrale solaire thermodynamique, [2.S]. 39
Fig. I. 9 Usine marémotrice de la Rance en France [2.S] 40
Fig. I. 10 Centrale géothermique en Islande, [6.S]. 41

Fig. II. 1 Groupe Turbine-Alternateur, [17]. 44
Fig. II. 2 Turbine à gaz, [17]. 46
Fig. II. 3 Stator et Rotor de la Turbine, [17]. 47
Fig. II. 4 Turbine à gaz, [17]. 48
Fig. II. 5 Schéma de passage des gaz dans la turbine (cycle simple), [16]. . 49
Fig. II. 6 Cycle Otto, [15].   Fig. II. 7 Cycle Diesel, [15]. 50
Fig. II. 8 Cycle Brayton, [17]. 50
Fig. II. 9 Schémas enroulement stator, [3]. 57
Fig. II. 10 Coupe cavité stator, [3]. 57
Fig. II. 11 Transposition Roebel, [3]. 58
Fig. II. 12 Ancrage de tête, [3]. 58
Fig. II. 13 Schéma de ventilation, [3]. 62
Fig. II. 14 Support et palier, [3]. 65

Liste des Figures

Fig. II. 15 Vue en coupe d'un alternateur de 500MW avec son excitation principale de 2400 kW. Le courant d'excitation I_x de 6000A doit passer par un collecteur et deux bagues. Le courant de commande I_c provenant de l'excitation pilote permet de faire varier le champ de l'excitation et, par la suite, le courant I_x, [22]. 67

Fig. II. 16 Schéma montrant le principe d'une excitation sans balais, [22]. .. 69

Fig. II. 17 a. Alternateur de 36 MVA, 21 kV. 75

Fig. II. 18 Circuit équivalent d'une génératrice à c.c, [22]. 75

Fig. II. 19 Tension et impédance d'un alternateur alimentant une charge triphasée, [22]. 76

Fig. II. 20 Circuit équivalent d'un alternateur triphasé, montrant une phase seulement, [22]. 77

Fig. II. 21   Circuits équivalents et diagrammes vectoriels pour diverses charges raccordées aux bornes d'un alternateur de 36 MVA, 20.8 kV, 60 Hz ayant une réactance synchrone de 5Ω, [22]. 80

Fig. II. 22 Synchronoscope (gracieuseté de Cie Générale Electrique), [22]. 81

Fig. II. 23 Synchronisation d'un alternateur à l'aide de trois lampes, [22]. 82

Fig. II. 24   lorsque la séquence des phases de l'alternateur n'est pas la même que celle du réseau, on doit intervenir deux phases, [22]. 83

Fig. II. 25   Cette plate forme flottante de forage utilisé pour l'extraction du pétrole de la mer Adriatique est complètement autonome.Elle est alimentée par 4 alternateurs triphasés de 1200 kVA, 440 V, 900 tr/mn, 60 Hz, [22]. 84

Fig. II. 26 Alternateur de 36 MVA, 21 kV, 60 Hz sur un réseau infini – effet du courant d'excitation, [22]. 86

Fig. II. 27 Alternateur sur un réseau infini – effet du couple mécanique, [22]. 87

Fig. II. 28   a. Lorsque l'alternateur flotte sur le réseau, la tension induite par le flux ϕ est égale à celle du réseau, [22]. 89

Liste des Figures

Fig. II. 29   Graphique montrant la relation entre la puissance active débitée par un alternateur et l'angle de décalage δ, [22]. 91

Fig. III. 1 Relation $D = f(p_s)$ à condition que $U = (10000 \div 12000)V$ et $2p = 2$ 107
Fig. III. 2   Relation $l_i = f(p)$ à condition que $U = (10000 \div 12000)V$ et $2p = 2$ 108
Fig. III. 3 Schéma de ventilation 109
Fig. III. 4   Désigne la charge linéaire A_1 dans les turboalternateurs à refroidissement direct, [5] 110
Fig. III. 5   Courbe de la puissance en fonction de charge linéaire 111
Fig. III. 6 Courbe de la F.M.M. de la machine synchrone à pôles noyés, [7].
..... 112
Fig. III. 7 $\alpha_i = f\left(\dfrac{b_p}{\tau_p}\right)$ et $k_f = \left(\dfrac{b_p}{\tau_p}\right)$ pour machines synchrones à pôles noyés, [7].
..... 112
Fig. III. 8   Induction maximale $\hat{B}_\delta$ dans l'entrefer de machines synchrones, triphasées, bipolaires, à pole lisses, en fonction du pas polaire, [8]. 113
Fig. III. 9 L'étoile des phases, [9]. 117
Fig. III. 10 L'enroulement statorique 118
Fig. III. 11 Augmentation d'épaisseur pour l'isolation des conducteurs d'enroulement statorique de machines à courants alternatifs en fonction de la tension nominale.[7] 120
Fig. III. 12 Epaisseur de gaine pour l'enroulement statorique de machines à courants alternatifs en fonction de la tension nominale.[7] 120
Fig. III. 13 encoches du stator 121
Fig. III. 14 Vue horizontale de l'alternateur [1] 124
Fig. III. 15 Profondeur d'encoche du rotor lisse de machins synchrones, bipolaires, en fonction du pas polaire [8] 125
Fig. III. 16 Variation de l'induction en regard de l'encoche, [7]. 129

Liste des Figures

Fig. III. 17 Courbes d'induction des dents étroites et des dents larges d'un turboalternateur de 145 000 kVA et 3000 tr/min.. 139

Fig. III. 18 Encoche statorique d'un turboalternateur de 145 M VA, 3000 tr/mn et 11500 V 140

Fig. III. 19 Courbe magnétique caractéristique d'une machine synchrone à pole noyée 141

Fig. III. 20 Courbe caractéristique de la marche à vide d'un turboalternateur de 145 M VA et 3000 tr/mn 144

Fig. III. 21 Courbe caractéristique de la marche à vide d'un turboalternateur de 145 M VA et 3000 tr/mn 144

Fig. III. 22 Influence de l'enroulement à pas partiel sur la dispersion d'encoche des enroulement triphasée 145

Fig. III. 23 Diagramme des tensions et des F.M.M d'un turboalternateur de 145 M VA et 3000 tr/mn à la charge nominale 147

Fig. III. 24 Encoche rotorique d'un turboalternateur de 145 M VA et 3000 tr/mn 149

Fig. III. 25 Vue en coupe de stator et rotor de la machine conçue........... 152

Fig. III. 26 Ligne des induction dans la circuit magnétique de la machines 153

.Fig. III. 27 Variation de la F.é.m. tension simple en fonction du courant d'excitation de la machine 1 et 2 lors fonctionnées à vides....................... 154

Liste des Tableaux

Tab. I. 1 Volume de production de l'énergie électrique dans l'Algérie, [3.S]. 28

Tab. I. 2 Volume de consommation de l'énergie électrique dans l'Algérie [3.S]. 28

Tab. I. 3 la répartition de la consommation mondiale d'énergie, [4.S]. 29

Tab. III. 1 Indices de protection des enveloppes des matériels électriques, [24]. 99

Tab. III. 2 Classe des isolants, [20]. 100

Tab. III. 3 Exemple de systèmes courants de ventilation, [24]. 100

Tab. III. 4 Exemple de systèmes courants de ventilation, [24]. 101

Tab. III. 5 Groupes courants de formes constructives pour machines électriques, [20]. 102

Tab. III. 6 Type de bout d'arbre, [20]. 102

Tab. III. 7, la gamme des niveaux de tensions et de puissances [23] 103

Tab. III. 8 indication sommaire sur la plage des puissances, [23]. 104

Tab. III. 9, [23]. 105

Tab. III. 10 Facteur de raccourcissement, [7]. 116

Tab. III. 11 [8] 122

Tab. III. 12 Résultats obtenir 141

Tab. III. 13 Résultats comparatifs 154

Introduction Générale

L'énergie est un aspect fondamental du développement durable, on distingue les énergies fossiles des énergies renouvelables. Les premières reposent sur l'exploitation de minéraux et combustibles formés durant l'histoire de la terre et n'existant qu'en quantités limitées, elles contribuent à l'accroissement de l'effet de serre ou à la problématique du risque nucléaire. Il s'agit du pétrole, du gaz, du charbon et de l'uranium ou autre. Les seconds existent abondements sur la surface terrestre (solaire, hydraulique, éolienne . . .). Les énergies fossiles sont essentiellement les combustibles solide, liquide ou gazeux, comme respectivement le charbon, le pétrole et le gaz naturel.

Une centrale de production d'énergie électrique est un site industriel qui consomme des énergies renouvelables ou non renouvelables pour produire de l'électricité en grande quantité.

Ces centrales transforment ces sources d'énergie primaire naturelles en énergie électrique à travers un groupe "Turbo-Alternateur", afin d'alimenter en électricité des consommateurs, particuliers ou industriels relativement lointains. Le réseau électrique est utilisé pour transporter ou distribuer de l'électricité jusqu'aux utilisateurs. La partie maîtresse dans la centrale est l'alternateur, qui joue le rôle de producteur de l'énergie électrique.

La problématique de ce travail est la conception de système électro-énergétique en général et principalement celle des alternateurs de grande puissance.

Objectifs

Quatre objectifs seront visés à travers ce travail :
1. Faire une recherche bibliographique permettant de passer en revue les énergies renouvelables et non renouvelables d'une manière générale.

2. Etudier les groupes "Turbo-Alternateur", et nous nous intéresserons en particulièrement à la conception d'un alternateur de grande puissance par la méthode analytique.
3. Concevoir un alternateur selon les données géométriques de l'alternateur de la centrale de HMO
4. Comparer les principaux paramètres de ces deux machines.

Présentation du mémoire

Ce mémoire sera structuré et organisé en trois chapitres comme suit :

Le premier chapitre, présentera une définition de la SPE (Sonelgaz de Production Electricité) de HMO (Hassi Messaoud Ouest), et son évolution. On terminera par la présentation de quelques centrales existantes actuellement dans le monde.

Le deuxième chapitre, donnera an après en général sur la centrale électrique de HMO.

Le troisième chapitre, présentera les considérations technologiques de conception de l'alternateur. Ensuite, On procédera au dimensionnement de l'alternateur similaire à celui de la centrale de HMO. On terminera par l'analyse des résultats de l'alternateur conçu, suivi d'une interprétation des caractéristiques obtenues, et on terminera par une étude comparative des deux machines.

Chapitre I
Introduction aux Centrales de Production de l'Energie Electrique

I.1 Introduction

Les centrales au gaz sont des centrales électriques utilisées pour la production d'électricité. Elles constituent un part importante de la production d'électricité dans les pays producteurs de gaz.

Les progrès récents faits dans la réalisation des turbines de moyenne puissance permettent d'utiliser avantageusement les centrales au gaz pour réaliser de la cogénération (production de chaleur couplée à une production d'électricité). Les réserves de gaz naturel sont sans commune mesure avec les réserves de pétrole, parce qu'elles ne sont exploitées que depuis la fin des années 1960.

Dans ce premier chapitre on définira la SPE (Sonelgaz de Production Electricité) du HMO (Hassi Messaoud Ouest), et leur histoire d'évolution. On terminera par quelques centrales existantes actuellement dans le monde.

1.2 Histoire et évolution de la Sonelgaz, [3.S].

- **D'Electricité Générale Algérienne (EGA) à SONELGAZ d'aujourd'hui : Plus d'un demi siècle d'existence...**

En 1947 est créé l'établissement public « électricité et gaz d'Algérie » par abréviation EGA, auquel est confié le monopole de la production, du transport et de la distribution de l'électricité et du gaz.

EGA regroupe les anciennes entreprises de production et de distribution, de statut privé, notamment Lebon et Cie et SAE (Société Algérienne de l'électricité et du gaz),tombant sous le coup de la loi de nationalisation de 1946, promulguée par l'état français.

- **Un défi relevé en 1962 déjà...**

EGA est pris en charge par l'état algérien indépendant ; en quelques années grâce à un formidable effort de formation, l'encadrement et le personnel algérien assurent effectivement le fonctionnement de l'établissement.

- **Soutenir le développement économique et social**

En 1969, EGA devient SONELGAZ, devient société nationale de l'électricité et du gaz ; à ce moment c'est déjà une entreprise de taille importante dont le personnel est de quelques 6000 agents. La transformation de la société avait pour objectif de conférer à l'entreprise les capacités organisationnelles et gestionnaires pour accompagner et soutenir le développement économique du pays. Il s'agit notamment du développement industriel, et de l'accès du plus grand nombre à l'énergie électrique. L'électrification rurale; projet inscrits dans le plan de développement élaboré par les autorités publiques.

- **Des filiales travaux à la SPA.**
- **Service public, gestion et commercialité**
- **En 1983, l'entreprise se dote de cinq (05) filiales travaux spécialisées** :

    1. KAHRIF pour l'électrification ;
    2. KAHRAKIB - Infrastructures et installation électrique ;
    3. KANAGAZ - Réalisation des réseaux gaz ;
    4. INERGA - Génie Civil ;
    5. ETTERKIB – Montage industriel.

Et l'entreprise AMC - Fabrication des compteurs et appareils de mesure et de contrôle ;

C'est grâce à ces filiales que Sonelgaz dispose actuellement d'infrastructures électriques et gazières répondant aux besoins du développement économique et social du pays.

En 1991 SONELGAZ devient Etablissement Public à caractère industriel et commercial (EPIC) ; la reprise de statut, tout en confirmant la mission de service public pose la nécessité de la gestion économique et de la prise en compte de la commercialité.

Dans ce même objectif l'établissement devient, en 2002, une Société par action (SPA).

Cette promotion donne a eu SONELGAZ la possibilité d'élargir ses activités à d'autres domaines relevant du secteur de l'énergie et aussi d'intervenir hors des frontières de l'Algérie. En tant que SPA elle doit détenir un porte feuille d'actions et autres valeurs mobilière et à la possibilité de prendre des participations dans d'autres sociétés.

Cela annonce l'évolution de 2004 ou SONELGAZ devient un groupe ou holding.

Chapitre I : Introduction aux Centrales de Production de l'Energie Eolienne

- **Le groupe SONELGAZ_ L'expansion…**

Durant les années 2004 à 2006, devenant une holding ou groupe d'entreprises, Sonelgaz se restructure en filiales chargées de ses activités de base :
- SONELGAZ Production Electricité (SPE) ;
- Gestionnaire Réseau Transport Electricité (GRTE) ;
- Gestionnaire Réseau Transport Gaz (GRTG).

En 2006 la fonction distribution est structurée en quatre filiales :
- Alger ;
- Région Centre ;
- Région Est ;
- Région Ouest.

Au delà de cette évolution assurer le service public reste la mission essentielle de SONELGAZ ; l'élargissement de ses activités et l'amélioration de sa gestion économique bénéficient en premier lieu à cette mission qui constitue le fondement de sa culture d'entreprise.

- **Sonelgaz Production de l'Electricité (SPE)**

La Société, Sonelgaz Production Electricité (SPE) a pour mission la production d'électricité à partir de sources thermiques et hydrauliques répondant aux exigences de disponibilité, fiabilité, sécurité et protection de l'environnement. Elle est également chargée de commercialiser l'électricité produite.

Créée en Janvier 2004, elle dispose d'un parc de production d'une capacité qui totalise une puissance installée de 6740MW, composé de quatre filières de types et de paliers de puissance différents. Celui ci se décompose comme suit :
- Turbine à Vapeur : 2740 MW ;

- Turbine à Gaz : 3576 MW ;
- Hydraulique : 249 MW ;
- Diesel : 175 MW.

La société SPE emploie 3383 agents,

Elle a réalisé un chiffre d'affaires de 34 Milliards DA en 2006.

SPE, met en œuvre un vaste programme de réhabilitation et de renouvellement de son parc de production pour conserver le niveau actuel de capacité de production.

Elle ambitionne de demeurer l'opérateur dominant en matière de fourniture de l'énergie électrique. Son programme de développement est orienté vers l'augmentation de la disponibilité et la fiabilité des groupes de production.

Fig. I. 1 Centrale de la Sonelgaz de la production électrique Algérienne, [3.S].

La figure 1.1 illustre la centrale de la Sonelgaz de la production électrique en Algérie.

1.3 Production et consommation d'électricité en l'Algérie, [3.S].
1.3.1 La production en Algérie

Unité = TWh	2006	06/05 (%)
Production SPE	28 880	-11
Thermique vapeur	14 556	-12
Thermique gaz	13 840	-8
Hydraulique	217.6	-61
Diesel	264.3	-6
Production tiers	6 127	443
Kahrama	2 622.9	300
SKS	3 419.3	786
Hassi Berkine	84.9	-19
Production Totale	35 007	5.6

Tab. I. 1 Volume de production de l'énergie électrique dans l'Algérie, [3.S].

Le tableau 1.1 décrit le volume de production de l'énergie électrique dans l'Algérie.

1.3.2 Disponibilité - Consommation spécifique, [3.S].

	2006	06/05 (%)
Taux de disponibilité total des centrales (%), (Filiales, SPE)	79.06	-3.4
Consommation spécifique (Th / KWh) :		
SPE	3.007	0.6
KHRAMA	3.089	0.0
SKS	2.243	-4.5
Capacité installée totale (MW)	7 922	11.9
- SPE	6 736	-0.1
-Tiers (Kahrama et SKS)	1 186	353
Capacité installée par filières :		
Thermique vapeur	2 740	-
Thermique gaz	3 912	-
Cycle combine	850	-
hydraulique	249	-
diesel	171	-2.8
Total	7 922	-
Puissance max Appelée R.I (MW)	6 057	2.3

Tab. I. 2 Volume de consommation de l'énergie électrique dans l'Algérie [3.S].

Le tableau 1.2 décrire le volume de consommation de l'énergie électrique dans l'Algérie.

1.4 Répartition par sources dans le monde [4.S]

Le tableau 1.3 donne la répartition de la consommation mondiale d'énergie entre les différentes sources primaires, en 2000, selon l'Agence Internationale de l'Énergie.

On voit que les combustibles fossiles totalisent 90 % de l'énergie primaire commerciale utilisée sur la planète, et toujours plus de 80 % si l'on tient compte de l'énergie non commerciale. Les chiffres parlent d'eux-mêmes : il n'y a aucune chance pour que l'accroissement de la contribution des Energies Nouvelles Renouvelables (ENR) puisse à lui seul couvrir l'augmentation des besoins - a fortiori remplacer le nucléaire comme le souhaitent certains. En tout cas, pas dans les décennies qui viennent.

Sources	Millions tep	Taux
Charbon lignite	2 341	25.7 %
Pétrole	3 700	40.7 %
Gaz	2 100	23.1 %
Energie nucléaire	676	7.4 %
Hydraulique	226	2.5 %
Energies nouvelles renouvelables	51	0.6 %
Total (commercial)	9 094	
Bois, déchets, etc.	1 095	

Tab. I. 3 la répartition de la consommation mondiale d'énergie, [4.S].

Même si les pays de l'OCDE réalisaient une amélioration spectaculaire de leur efficacité énergétique, les besoins des pays en voie de développement sont tels que la consommation énergétique ne pourra pas croître moins vite que la population elle-même. D'autant plus que les pays de l'OCDE et ceux de l'ex-URSS sont désormais stabilisés, et que les quatre milliards d'hommes qui viendront augmenter la population mondiale au cours de ce siècle seront originaires des pays aujourd'hui en voie de développement (PVD).

1.5 Types des centrales électriques, [2.S].

Une centrale (de production d'énergie) électrique est un site industriel qui produit de l'électricité en grande quantité.

Les centrales électriques transforment des sources d'énergie naturelles en énergie électrique, afin d'alimenter en électricité des consommateurs, particuliers ou industriels relativement lointain. Le réseau électrique est utilisé pour transporter/distribuer l'électricité jusqu'aux consommateurs.

Différentes sources d'énergie sont utilisées dans les centrales.

1.5.1 Centrales thermiques à flamme, [2.S].

Les centrales thermiques à flamme utilisent des combustibles chimiques pour produire de la chaleur transformée en énergie mécanique par un cycle moteur thermodynamique, lui même alimentant un alternateur. Les combustibles sont généralement fossiles : Charbon , Pétrole et Gaz naturel

Des combustibles renouvelables tels le bois ou le biogaz sont parfois utilisés.

Fig. I. 2 Centrale thermique de Chicago (USA), [2.S].

La figure 1.2 illustre la centrale thermique de Chicago en USA.

Chapitre I : Introduction aux Centrales de Production de l'Energie Eolienne

1.5.1.1 Centrales conventionnelles à chaudières [2.S]

Les centrales les plus répandues sont constituées d'une chaudière et d'une turbine à vapeur (cycle Rankine). Leur carburant est le plus souvent du charbon mais on trouve aussi des chaudières utilisant de la biomasse, du gaz naturel, du pétrole, ou des déchets municipaux.

La plupart des centrales à charbon sont de type « feu pulvérisé », où le charbon est réduit en poudre très fine et injecté dans la chaudière. Les centrales les plus récentes possèdent un cycle vapeur supercritique, qui permet d'avoir un rendement qui dépasse 45%.

Fig. I. 3 Centrale thermique à flamme à Porcheville (Yvelines) en France, [2.S].

La figure 1.3 représente la centrale thermique à flamme à Porcheville (Yvelines) en France

1.5.1.2 Turbines à gaz [2.S]

Les turbines en cycle simple sont peu coûteuses à construire, de plus elles ont l'avantage de démarrer très rapidement (contrairement aux chaudières à vapeur qui ont une certaine inertie). Néanmoins, leur rendement faible (35% au mieux) empêche de les utiliser directement pour la production d'électricité sans valoriser leur chaleur résiduelle, sauf en appoint lors des pics de demande ou à toute petite échelle.

Chapitre I : Introduction aux Centrales de Production de l'Energie Eolienne

Les gaz d'échappement des turbines à gaz étant très chauds (de l'ordre de 600°C), la chaleur peut être réutilisée de diverses façons. La cogénération (ou tri génération) est le plus souvent associée aux turbines à gaz ; les gaz d'échappement alimentant une chaudière qui fournit de la chaleur (généralement sous forme de vapeur) et/ou une turbine fournissant de l'énergie mécanique (mouvement) pour un procès industriel.

Fig. I. 4 Centrale nucléaire de Cattenom en France, [2.S].

La figure 1.4 illustre la centrale thermique à flamme à Porcheville (Yvelines) en France.

1.5.1.3 Obstacles, défauts ou inconvénients [2.S]

- Les sources d'énergie fossiles ont le défaut d'être épuisables et polluantes, induisant de plus une dépendance à l'égard des producteurs de ressources (gaz, pétrole, charbon, uranium.)
- Le caractère très centralisé des centrales, et la dépendance au réseau électrique THT les rendent vulnérable
- Les centrales thermiques à flamme produisent du dioxyde et monoxyde de carbone, des oxydes de l'azote et de la vapeur d'eau (tous étant gaz à effet de serre) et d'autres polluants (poussières, métaux lourds, dont mercure, dioxyde de soufre ...) contribuant aux smogs photochimiques, à la

production d'Ozone troposphérique, et de pluies, brumes et brouillards acides.

1.5.1.4 Avantages [2.S]

La production d'énergie est relativement indépendante des conditions météorologiques, la source d'énergie peut être (dans une certaine mesure) facilement stockée et la densité de puissance est très élevée.

Elles permettent de faire de la cogénération : lorsque l'on a besoin à un endroit déterminé (agglomération, industries chimiques, serres, ...) de chaleur en grande quantité, il est intéressant de créer une centrale thermique qui produit de l'électricité et dont le circuit de refroidissement sert de source de chaleur pour l'application désirée. (les centrales solaires, hydraulique et l'éolien le permettent aussi, mais quand le soleil, l'eau ou le vent sont présents)

C'est une manière de rentabiliser les inévitables pertes de ce type de centrales. la Co- ou tri génération ne sont cependant pas encore systématiques.

1.5.2 Centrales nucléaires [2.S]

Ces centrales utilisent également des cycles de conversion thermodynamique, néanmoins leur "chaudière" est un réacteur nucléaire. L'énergie nucléaire obtenue à la suite de réactions de fission de l'uranium et du plutonium est la source de chaleur utilisée. Elles produisent environ 15% de l'électricité mondiale. Les centrales nucléaires produisent des déchets radioactifs et présentent un risque d'accident. La probabilité d'occurrence d'un tel accident sur les centrales modernes est sujette à débat.

1.5.3 Énergies renouvelables [2.S]

Les énergies renouvelables correspondent à différentes sources d'énergies qui se renouvellent à l'échelle humaine.

1.5.3.1 Centrale hydroélectrique

L'énergie hydraulique est depuis longtemps une solution mise en œuvre dans la production d'électricité car elle utilise une énergie renouvelable.

- À un étranglement des rives d'un cours d'eau, les hommes érigent un barrage qui crée une retenue d'eau. Au pied de ce barrage, on installe des turbines reliées à des alternateurs. On alimente en eau sous pression les turbines par un système de canalisations et de régulateurs de débit.

- Outre que les sites potentiels se situent généralement en montagne entraînant des sur coûts importants de construction, le nombre de ces sites est limité.

- De plus ce système implique parfois de noyer des vallées entières de terre cultivable, où les hommes vivent bien souvent depuis des générations.

- Il y a différents types de centrales hydro-électriques, notamment les microcentrales, installées sur des rivières en tête de bassin, certaines avec un fort impact écologique.

- Il existe également des centrale hydroélectrique de pompage turbinage qui permettent d'accumuler l'énergie venant d'autres sites de productions peu maniables telle que les centrales nucléaires lorsque la consommation est basse et, de la restituer lors des pics de consommation.

Chapitre I : Introduction aux Centrales de Production de l'Energie Eolienne

Fig. I. 5 Centrale hydroélectrique en Allemagne [2.S]

La figure 1.5 illustre la centrale hydroélectrique en Allemagne.

1.5.3.2 Éolienne [2.S]

L'énergie éolienne est produite sous forme d'électricité par une éolienne. Des éoliennes formées d'un mat surmonté d'un générateur électrique entraîné par une hélice, sont positionnées idéalement sur les plans d'eau ou les collines ventées.

- **Obstacles et inconvénients :**

- Les principaux défauts de ces éoliennes, sont une <u>pollution</u> visuelle du paysage et l'obstruction de la navigation aérienne de proximité à basse altitude. Le bruit est également nuisible d'après certains témoignages, lorsque qu'une éolienne est installée près d'une habitation.

- L'investissement est important, avec des rendements sujets aux caprices du vent et assez moyens comparés à d'autres systèmes concurrents.

- **Solution individuelle :**

- Tout comme on voit de plus en plus des panneaux solaires individuels sur les habitations, une version horizontale de l'éolienne, deux roues à aubes imbriquées, peut être installée sur son toit. Elle est quasi silencieuse et évite le transport de l'énergie sur de longues distances et, les pertes qui vont avec. Des solutions de stockage (donc la régularité de l'énergie disponible) existent à l'échelle d'une habitation individuelle.

Fig. I. 6 Parc éolien en Autriche, [2.S].

La figure 1.6 illustre le central parc éolien en Autriche.

1.5.3.3 Énergie solaire [2.S]

On distingue les centrales électriques solaires photovoltaïques des centrales électriques thermiques, ces dernières étant très peu développées.

Fig. I. 7 Centrale solaire photovoltaïque, [2.S].

La figure 1.7 illustre la centrale solaire photovoltaïque.

1.5.3.4 Centrale solaire photovoltaïque [2.S]

- Cet autre moyen de fabriquer de l'électricité avec l'énergie solaire utilise les rayonnements lumineux du soleil, qui sont directement transformés en un courant électrique par des cellules à base de silicium ou autre matériau ayant des propriétés de conversion lumière/électricité. Chaque cellule délivrant une faible tension, les cellules sont assemblées en panneaux.

- Ce système, bien que de rendement faible, est très simple à mettre en œuvre et particulièrement léger. Inventé pour les besoins des satellites artificiels militaires, il est aujourd'hui très utilisé pour une production locale ou embarquée d'électricité.

- Des panneaux solaires embarqués à bord de bateaux, véhicules terrestres, satellites et vaisseaux spatiaux, secondés par une batterie d'accumulateurs. Ces accumulateurs fournissent de l'énergie pendant les moments de non ou faible production des panneaux et stockent le surplus d'électricité pendant les moments de grande production.

- **Obstacles, défauts ou inconvénients :**

- Des projets de centrale solaire dans l'espace existent. Mais outre le problème du transport de l'électricité sur terre, il faudrait dans un premier temps transporter et assembler des milliers de tonnes de matériel en orbite, sans parler des problèmes de maintenance induits par un tel système

1.5.3.5 Énergie solaire thermique [2.S]

- Pour capter un maximum d'énergie thermique solaire, plusieurs rangées de miroirs disposés en arc de cercle face à la course du soleil renvoient les rayons solaires en un seul point, appelé foyer. Pour que le foyer ne change pas de position en permanence, les miroirs soit orientables et pilotés par un système centralisé. À ce foyer une chaudière contenant un liquide sert de capteur d'énergie.

- Un autre système utilise des miroirs incurvés face au sud dans l'hémisphère nord munis d'un tube rempli d'un fluide qui s'échauffe aux rayons du soleil concentrés par le miroir. Le liquide est en général de l'eau qui surchauffée par l'énergie thermique solaire est conduite jusqu'à une turbine à vapeur.
- Enfin, un autre système appelé tour solaire utilise l'énergie solaire pour chauffer l'air contenu dans une immense serre. L'air chauffé est alors plus léger et monte dans une cheminée où sont actionnées des turbines.
- **Obstacles, défauts ou inconvénients :**

- Le problème de base de ce type de centrale électrique, est que l'énergie solaire est en quantité relativement faible en un point donné de la terre et, qu'elle n'utilise que la chaleur rayonnée, (rayonnement Infrarouge). La densité de puissance est faible, mais bien supérieure à celle du photovoltaïque.

- Par ailleurs, la production est intermittente (intermittence journalière jour/nuit et saisonnière) et localement imprévisible à moyen terme (aléa météorologique). Pour recuire l'intermittence jour/nuit, voire permettre une production 24h/24, les centrales les plus modernes (comme andosol, en construction en Espagne) sont équipées de réservoirs permettant de stocker du fluide porteur chaud

Fig. I. 8 Centrale solaire thermodynamique, [2.S].

La figure 1.8 illustre la centrale solaire thermodynamique.

1.5.3.6 Marémotrice ou maréthermique [2.S]

L'eau des mers et des océans peut également être utilisée pour produire de l'électricité.

Deux systèmes existent :

- Énergie marémotrice, c'est l'énergie des marées qui est utilisée
- Énergie maréthermique, c'est les différences de températures de l'eau à différentes profondeurs qui est utilisée
- Obstacles, défauts ou inconvénients :
    - Les moyens mis en œuvre sont lourds et demandent beaucoup d'entretien.

La densité de puissance est très élevée si on reporte uniquement à la surface occupée par le barrage lui même, mais très basse si on compte la superficie recouverte par le lac de retenue.

Chapitre I : Introduction aux Centrales de Production de l'Energie Eolienne

Fig. I. 9 Usine marémotrice de la Rance en France [2.S]

La figure 1.9 représente l'usine marémotrice de la Rance en France.

1.5.3.7 Géothermique [2.S]

La terre est composée d'une croûte, posée sur un manteau de roche en fusion. Le principe de l'énergie géothermique consiste à creuser un trou dans cette croûte, à envoyer un fluide caloporteur au fond à l'aide d'un tuyau et à récupérer ce fluide chauffé remontant par un autre tuyau. Cette chaleur fait tourner des turbines qui entraînent des alternateurs. Cette énergie est d'un usage courant en Islande où elle est facile à mettre en œuvre.

Obstacles, défauts ou inconvénients :

- La profondeur du forage nécessaire diffère selon les endroits.
- La profondeur de forage, malgré ces variations, reste importante, ce qui entraîne un fort coût d'investissement.
- Il existe un risque de remontée de magma.

Les investisseurs laissent donc pour l'instant les géologues rechercher des zones ayant des caractéristiques favorables avant d'entamer ce genre de projet.

Chapitre I : Introduction aux Centrales de Production de l'Energie Eolienne

Fig. I. 10 Centrale géothermique en Islande, [6.S].

La figure 1.10 représente la centrale géothermique en Islande.

I.7 Conclusion

Au rythme de la consommation actuelle, dans les pays industrialisés, un habitant utilise près de 5 tonnes de pétrole par an, selon de nombreux expert, les réserves de pétrole seraient épuisées dans une cinquantaine d'années et un peu plus par le gaz ; celles du charbon, dans deux cents ans.

Pour garantir la vie d'êtres humains dans le futur il faudrait exploité ce que l'on appelle les énergies renouvelables.

Dans ce chapitre nous avons passé en revue les différents systèmes de production de types l'énergie électrique tout en soulignant leurs définitions. Leurs avantages et inconvénients.

Dans le prochain chapitre nous étudierons la description d'une centrale de la Sonelgaz production électricité (SPE) du Hassi Messaoud Ouest (HMO) en Algérie. On terminera par la suite le calcul de l'alternateur de cette centrale.

Chapitre II

Introduction à la Centrale de Hassi Messaoud du Ouest

II.1 Introduction

Ce chapitre a pour but de fournir les informations essentielles pour la connaître de la centrale électrique de Hassi Messaoud Ouest. On trouve dans ce chapitre aussi une description brève des installations, groupe Turbine-Alternateur et quelques systèmes concernant ce dernier, avec les informations sur le fonctionnement, et les règles pour le lancement, le contrôle des groupes turbine/alternateur.

2.2 Généralités et constituant de la centrale de HMO [21].

Cette centrale électrique comprend essentiellement trois groupes turbine à gaz / alternateur de 145 MVA chacun. Le système a été prédisposé pour pouvoir installer, plus tard, un quatrième groupe identique au premier.

Le combustible utilisé par les turbines est le gaz naturel.

L'énergie électrique produite par chaque groupe est distribuée sur le réseau électrique national, à hauteur d'une sous-station à 220 kV.

Les installations ou systèmes suivants font partie intégrante et fonctionnelle du système de production de l'énergie électrique de la centrale:

- Système pour le traitement du gaz combustible
- Dispositif pour le lavage du compresseur axial
- Réseau de terre
- Système enregistreur chronologique d'événements
- Installation air comprimé à haute pression et à basse pression

Dans la centrale sont également montés les installations ou systèmes auxiliaires suivants, qui ne sont pas directement reliés au système de production de l'énergie électrique:

- Installation conditionnement air et ventilation
- Installation détection incendie
- Installation contre l'incendie
- Installation eau sanitaire,
- Installations d'illumination interna et externe
- Système de distribution de l'heure
- Système téléphonique
- Système téléphonique bip bip
- Machines outils pour atelier mécanique
- Grue d'entretien

D'après tous ce qui nous avons écrire sur la centrale, on peut faire décrire quelques systèmes concernant le groupe Turbo-Alternateur comme l'indiquée la figure 2.1 :

- La figure 2.1 illustrée le groupe Turbine-Alternateur de la centrale de Hassi Messaoud Ouest, (HMO).

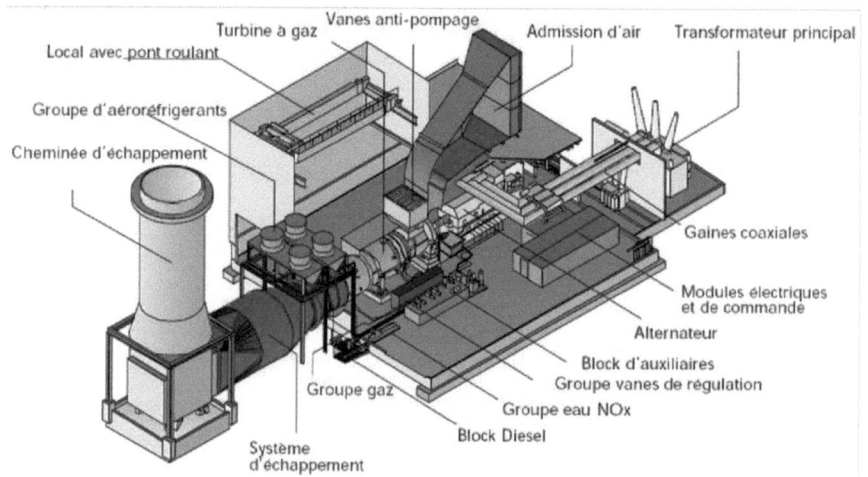

Fig. II. 1 Groupe Turbine-Alternateur, [17].

2.3 Description de quelques systèmes et dispositives [21].

2.3.1 Généralités sur le groupe thermique turbine à gaz [21].

Le groupe thermique turbine à gaz est constitué par une turbine à gaz "à un seul arbre", en simple cycle, entraînant un alternateur.

Dans la turbine à gaz, la combustion d'un mélange air-combustible est utilisée pour produire la puissance sur l'arbre nécessaire à l'entraînement du compresseur, de certains auxiliaires, et, principalement de l'alternateur.

La turbine à gaz du type décrit comporte un dispositif de démarrage à moteur électrique de lancement, des auxiliaires, un compresseur axial, un système de combustion, et une turbine à trois étages.

Le rotor du compresseur axial et celui de la turbine sont assemblés par bride, et l'ensemble ainsi constitué repose sur trois paliers.

Au démarrage, le moteur de lancement transmet son couple à la ligne d'arbre turbine à travers un convertisseur de couple et le réducteur des auxiliaires qui, comme son nom l'indique entraîne un certain nombre d'auxiliaires (pompes par exemple).

2.3.1.1 Dispositif de Lancement [21]

La turbine à gaz ne peut pas démarrer par elle-même. Elle doit donc être entraînée par un dispositif de lancement. Celui-ci décolle d'arbre et entraîne la turbine jusqu'à la vitesse d'allumage (aux environs de 16% de la vitesse nominale), puis continue à entraîner le rotor de la turbine jusqu'à la vitesse d'auto-sostentation de celle-ci, qui se situe aux environs de 70% de la vitesse nominale. La vitesse d'auto-sostentation est celle à laquelle la turbine délivre une puissance dépassant celle du moteur d'entraînement. Dés lors, celui-ci reçoit un ordre d'arrêt. La vitesse de la turbine continue à augmenter jusqu'à ce qu'elle atteigne sa valeur nominale. (3000 tr/mn).

Le dispositif de lancement comporte un moteur asynchrone de 1000 kW (88 CR) opérant à travers un convertisseur de couple pour pouvoir fournir le couple de décollage et de lancement ainsi que la vitesse de rotation nécessaire à la turbine pendant une majeure partie de la séquence de démarrage. La transmission du couple à l'arbre du rotor turbine s'effectue par l'intermédiaire du réducteur des auxiliaires

Un système motorisé d'ajustement du couple du moteur d'entraînement et faisant partie intégrante du convertisseur de couple, fournit le moyen de réglage du couple de sortie à l'intérieur d'une plage de valeurs déterminées. Le contrôle du convertisseur de couple est aussi assuré par une électrovanne d'alimentation (20 TU-1) ainsi qu'un relais hydraulique.

Après un ordre d'arrêt, lorsque la vitesse, en diminuant, atteint environ 50 tr/mn, le moteur convertisseur de couple ajuste celui-ci pour le couple minimal et un moteur (88 TG) spécialement prévu pour faire tourner la turbine pendant la période de refroidissement démarre: c'est le virage turbine. La durée du virage est réglée à une vingtaine d'heures au moyen d'une minuterie. Après cette période, on peut l'arrêter en donnant un ordre d'arrêt par le commutateur marche/arrêt de la turbine sur l'armoire turbine. Mais il est conseillé de laisser virer plus de 24 heures. La vitesse de virage est d'environ 120 tr/mn.

2.3.1.2 Principe de fonctionnement de la turbine à gaz, [21].

Dès que la ligne d'arbre est mise en mouvement par le moteur de lancement, l'air atmosphérique est aspiré, filtré, et dirigé à travers les gaines d'admission vers l'entrée du compresseur axial à 17 étages. Pour prévenir le pompage du compresseur, des vannes d'extraction d'air en aval du 11ème étage (vannes anti-pompage) sont en position "ouverte" pendant le démarrage, et les aubes à orientation variable (I.G.V.) situées à l'entrée du compresseur sont en position dite "fermée".

Fig. II. 2 Turbine à gaz, [17].

Chapitre II : Introduction à la Centrale de Hassi Messaoud du Ouest

Lorsque la vitesse de rotation atteint 95% de sa valeur nominale, un relais de vitesse provoque la fermeture automatique des vannes d'extraction d'air du 11ème étage et l'ouverture à une position prédéterminée des I.G.V. situées à l'entrée du compresseur.

A la sortie du compresseur axial, l'air pénètre dans un espace annulaire entourant les 14 chambres de combustion, puis dans l'espace situé entre l'enveloppe des chambres et les tubes de flammes

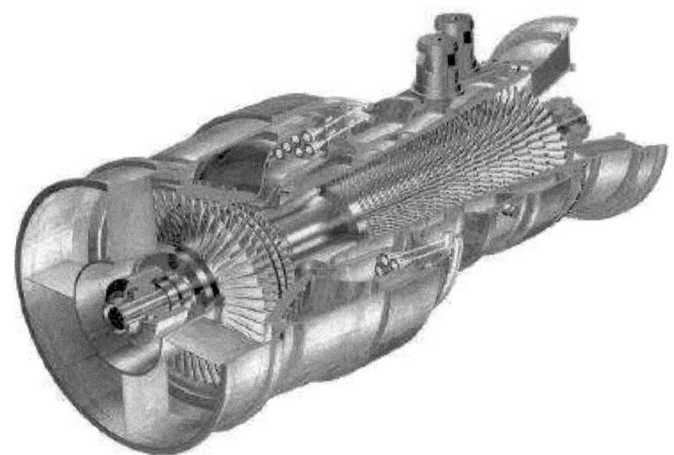

Fig. II. 3 Stator et Rotor de la Turbine, [17].

Les injecteurs introduisent le combustible dans chacune des chambres de combustion où il est mélangé à l'air de combustion venant du compresseur. La mise à feu est réalisée par deux bougies d'allumage (mais une seule suffit pour réaliser la mise à feu). Chacune de ces deux bougies équipe une chambre de combustion déterminée. La combustion se propage dans les autres chambres à travers les tubes d'interconnexion qui les relient entre elles au niveau de la zone de combustion. Quand la turbine a presque atteint sa vitesse nominale, la pression des gaz à l'intérieur des chambres est suffisante pour provoquer le retrait des électrodes rétractables équipant les bougies d'allumage. Ainsi, les électrodes son protégées de l'action de la flamme.

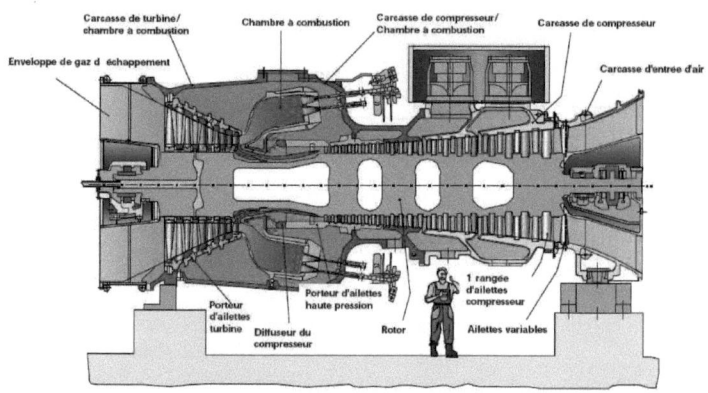

Fig. II. 4 Turbine à gaz, [17].

Les gaz chauds venant des chambres de combustion se propagent à travers les 14 pièces de transition placées à l'arrière des tubes de flamme pour traverser ensuite les 3 étages turbine. Chaque étage est constitué par un ensemble d'aubes fixes suivi d'une rangée d'aubes mobiles. Dans chaque rangée d'aubes fixes, l'énergie cinétique du jet de gaz augmente, parallèlement à la diminution de la pression. Dans la rangée adjacente d'aubes mobiles, une partie de l'énergie cinétique du jet est convertie en travail utile transmis au rotor de la turbine.

Après leur passage dans les 3 étages turbine, les gaz d'échappement traversent le cadre d'échappement et le diffuseur, constitué d'une série de déflecteurs transformant la direction axiale des gaz en direction radiale tout en minimisant les pertes par frottement. Les gaz parviennent ensuite au caisson d'échappement et sont évacués à l'atmosphère par le système d'échappement.

Le travail fourni au rotor de la turbine, en partie utilisé pour l'entraînement du compresseur axial et d'auxiliaires turbine, sert à faire tourner d'alternateur.

Chapitre II : Introduction à la Centrale de Hassi Messaoud du Ouest

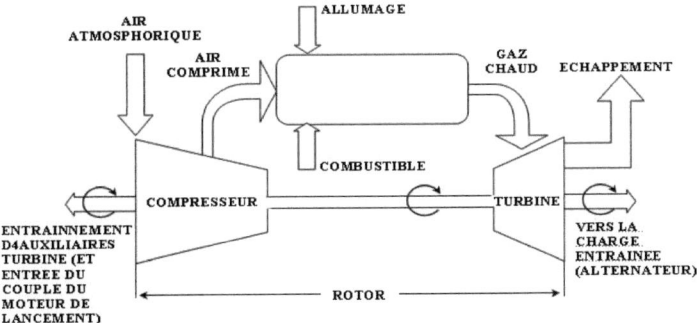

Fig. II. 5 Schéma de passage des gaz dans la turbine (cycle simple), [16].

2.3.1.3 Cycles thermodynamiques [15]

Il existe un grand nombre de cycles thermodynamiques. Nous considérons ici les cycles Otto, Diesel et Brayton.

- **Cycle Otto** [15]

Dans le cycle Otto figure 2.6, la compression se produit entre les points 1 et 2 ; elle est suivie par une combustion sous volume constant au point 2-3, ce qui augmente la pression. Cette augmentation de pression force le piston vers la droite, aux points 3 et 4, avec échappement aux points 4 et 1. Ce cycle est typique de celui d'un moteur d'automobile.

- **Cycle Diesel** [15]

Le cycle Diesel figure 2.7, est similaire au cycle Otto, avec la différence que la combustion a lieu sous pression constante (2, 3). Cette pression constante est obtenue en injectant le combustible à un taux suffisant pour compenser le changement de volume. La détente et l'échappement sont les mêmes que dans le cycle Otto.

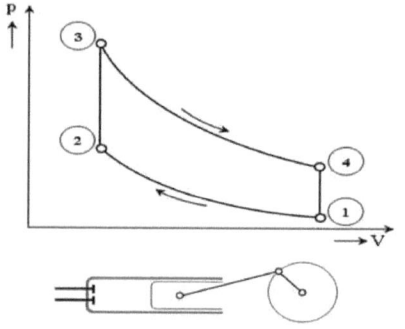 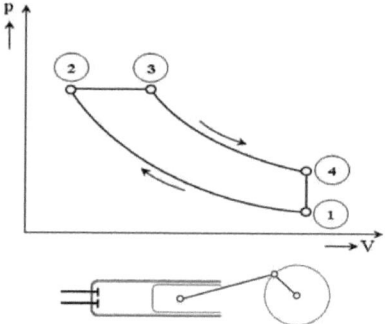

Fig. II. 6 Cycle Otto, [15].   **Fig. II. 7** Cycle Diesel, [15].

- **Cycle Brayton** [15]

Le cycle Brayton pour la turbine à gaz est un cycle à pression constante, c'est-à-dire que la combustion et l'échappement se font sous pression constante.

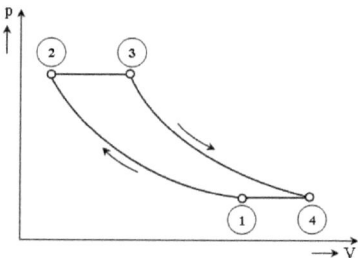

Fig. II. 8 Cycle Brayton, [17].

2.3.2 Système du Combustible [21]

Dans l'installation décrite, le combustible utilisé pour la turbine a gaz est le gaz naturel.

Le système du combustible gazeux de la turbine est conçu pour délivrer le gaz aux chambres de combustion à la pression et au débit requis pour répondre à chaque instant aux besoins du régime de fonctionnement: démarrage, accélération, prise de charge.

2.3.3 Tableau de contrôle turbine [21]

Le fonctionnement de la turbine à gaz est contrôlé au moyen d'un appareil contenu dans un tableau de contrôle dénommé SPEEDTRONIC™ Mark V. Chaque panneau contrôle une turbine; les trois panneaux sont installés dans la salle de contrôle du bâtiment de commande.

La configuration employée est du type TMR (redondante modulaire triple), avec interface de l'opérateur primaire et tableau d'interface d'opérateur de se cours.

L'équipement d'interface primaire de l'opérateur se compose d'un moniteur, d'un clavier, d'un dispositif de positionnement du curseur ("track-ball"), d'une imprimante et d'une unité CPU. Chaque groupe turbine est pourvu de son propre équipement d'interface primaire, placé sur le pupitre de la salle de contrôle, par lequel l'opérateur peut émettre des commandes vers la turbine et surveiller l'exploitation de l'unité.

L'interface d'opérateur de secours est montée sur la porte du panneau Mark V; elle peut être utilisée en cas de perte de communication entre l'interface primaire de l'opérateur et le panneau.

Cet appareil est illustré de façon détaillée dans le Manuel de Service, 2ème Partie, Vol. 6 et 7 qui fournit toutes les informations nécessaires.

Afin d'en faciliter la consultation nous reproduisons, ci-après, le document GEH-5979C "Manuel de l'utilisateur" qui contient les informations pour l'exploitation de la turbine à gaz du panneau Mark V.

2.3.4 Description et caractéristique de l'alternateur de la centrale :

Les alternateurs triphasés sont la source primaire de toute l'énergie électrique que nous consommons. Ces machines constituent les plus gros convertisseurs d'énergie au monde. Elles transforment l'énergie mécanique en énergie électrique avec des puissances allant jusqu'à 1500 MW, [22] d'où notre machine qui l'on va étudier vaut 116 MW.

Nous verrons par la suite comment sont réalisés ces puissants alternateurs modernes et quelles sont leurs caractéristiques. Leur principe élémentaire de fonctionnement, et leur système d'excitation.

2.3.4.1 Généralités sur les alternateurs. [3]

Cette partie du chapitre a le but de décrire l'alternateur en faisant ressortir les éléments de construction et les matériaux qui peuvent être le plus facilement intéressés par le type de fonctionnement et de conduction de la machine.

L'alternateur représente un pourcentage modeste de toute la centrale électrique, aussi bien du point de vue de l'encombrement, que de celui du coût; vu cependant que tout le reste de la centrale est justifié par la présence de l'alternateur, on peut bien comprendre l'importance que revêt ce composant.

Naturellement, l'équipement auxiliaire aussi du générateur, en tant qu'essentiel à son fonctionnement, assume la même importance et est donc tenu d'avoir un degré élevé de fiabilité.

Il faut toutefois préciser que le générateur électrique est un composant qui, manipulé d'une manière correcte, peut durer longtemps et subit rarement des pannes: des machines de plus de 50 ans fonctionnent encore et habituellement il arrive que de vieilles unités soient remplacées, non pas parce qu'elles sont usées, mais parce qu'elles sont trop petites et ne sont plus compétitives du point de vue économique.

Dans les installations thermoélectriques, dans la chaîne de transformation de l'énergie, le maillon qui a le rendement le meilleur de transformation est justement l'alternateur, dans lequel environ 1,5% seulement de l'énergie mécanique n'est pas transformé en énergie électrique, mais est perdu sous forme de chaleur cédée aux différents fluides de refroidissement et de graissage qui "entrent" dans la machine.

2.3.4.1 Stator, [3].

- **Carcasse** [3]

Cette partie du manuel a le but de décrire l'alternateur en faisant ressortir les éléments de construction et les matériaux qui peuvent être le plus facilement intéressés par le type de fonctionnement et de conduction de la machine.

L'alternateur représente un pourcentage modeste de toute la centrale électrique, aussi bien du point de vue de l'encombrement, que de celui du coût; vu cependant que tout le reste de la centrale est justifié par la présence de l'alternateur, on peut bien comprendre l'importance que revêt ce composant.

Naturellement, l'équipement auxiliaire aussi du générateur, en tant qu'essentiel à son fonctionnement, assume la même importance et est donc tenu d'avoir un degré élevé de fiabilité.

Il faut toutefois préciser que le générateur électrique est un composant qui, manipulé d'une manière correcte, peut durer longtemps et subit rarement des pannes: des machines de plus de 50 ans fonctionnent encore et habituellement il arrive que de vieilles unités soient remplacées, non pas parce qu'elles sont usées, mais parce qu'elles sont trop petites et ne sont plus compétitives du point de vue économique.

Dans les installations thermoélectriques, dans la chaîne de transformation de l'énergie, le maillon qui a le rendement le meilleur de transformation est justement l'alternateur, dans lequel environ 1,5% seulement de l'énergie mécanique n'est pas transformé en énergie électrique, mais est perdu sous forme de chaleur cédée aux différents fluides de refroidissement et de graissage qui "entrent" dans la machine.

- **Paquet stator** [3]

La fonction du paquet magnétique du stator est de fournir non seulement un parcours préférentiel au flux magnétique, mais aussi le siège des barrettes de l'enroulement du stator.

Le retour des lignes de flux doit être caractérisé par des valeurs élevées de perméabilité magnétique de façon à ce qu'il y ait dans ce circuit le minimum de pertes possible.

Pour obtenir ce résultat, le paquet magnétique est réalisé avec de petites tôles en acier magnétique au silicium, disposées sur toute la circonférence.

Les tôles sont empilées sur la circonférence en superposant plusieurs couches une sur l'autre, jusqu'à ce que l'on obtienne une certaine hauteur, puis des intercalaires sont appliqués pour réaliser, à des hauteurs régulières, un certain nombre de canaux radiaux (sur toute la circonférence du paquet magnétique) servant au passage de l'air de refroidissement.

A des intervalles réguliers d'empilage est effectuée une compression intermédiaire pour obtenir la compacité la meilleure possible du paquet : enfin, une compression finale est exécutée, avant de bloquer définitivement le paquet avec les flasques spéciaux et les tirants presse-paquet.

Sur les tôles d'extrémité reposent les doigts presse-paquet en acier. Les doigts étendent l'action de pression des flasques presse-paquet même aux dents des tôles.

Les flasques presse-paquet sont des anneaux en alliage d'aluminium qui gardent serrés les doigts presse-paquet contre le paquet moyennant des tirants situés à l'extérieur de ce dernier.

- **L'enroulement du stator** [3]

L'enroulement du stator est du type imbriqué, à double couche et au pas raccourci, avec couplage des phases en étoile. Figure 2.9.

Chapitre II : Introduction à la Centrale de Hassi Messaoud du Ouest

Les six bornes de l'enroulement du stator sont amenées à l'extérieur de la carcasse de l'alternateur, comme il a été dit au point 2.1.2.1.

La bobine est formée par deux barres dont les extrémités ont été soudées après le montage dans les cavités figure 2.10.

Chaque barre est composée de nombreuses lames élémentaires à bords arrondis en cuivre électrolytique tréfilé et recuit. Chaque lame est isolée par un fil de daglas enroulé autour d'elle et imprégné d'émail.

Les lames, d'une épaisseur limitée pour réduire les pertes provoquées par la densité du courant, sont coupées sur mesure, écorchées aux extrémités et transposées dans le parcours situé dans la cavité par le système "Roebel", pour éliminer les pertes dues à des courants de circulation figure 2.11. Un séparateur vertical en toile de verre imprégné de résine époxy est situé entre les colonnes de lames.

Les vides dûs à la transposition sur la surface supérieure et inférieure des barres sont remplis par des bandes constituées par un mélange de mica et de résine polymérisant à chaud.

Chaque conducteur ainsi composé est pressé à chaud sur son parcours dans la cavité; pendant le pressage, la résine contenue dans le séparateur vertical et dans les niches de transposition polymérise, bloque les lames et permet de réaliser une barre compacte aux dimensions géométriques bien précises.

Pour vérifier l'isolement parfait entre les lames, toutes les barres sont soumises à un essai électrique.

Le façonnage des barres est effectué sur des formes spéciales qui confèrent aux têtes le pliage désiré.

Dans cette opération, on emploie une résine époxy qui, en polymérisant, consolide les lames les unes aux autres dans la zone de la tête et leur permet de maintenir une forme correcte. La barre, ainsi préparée, est ensuite

Chapitre II : Introduction à la Centrale de Hassi Messaoud du Ouest

isolée vers la masse moyennant des bandes en tissu de verre et mica continu. Au tout sont appliquées des bandes constituées par des rubans semi-conducteurs, pour rendre équipotentiels, dans la partie située dans la cavité, la surface de la semi-bobine et le paquet magnétique et pour agir comme une protection anti-effluve sur les têtes de l'enroulement.

Le montage des barres dans la cavité est effectué en interposant des cales sur le fond de la cavité, entre les deux barres et vers la clavette de fermeture. Lors du clavetage, on effectue une compression des barres de façon à réaliser un remplissage optimum de la cavité, en éliminant ainsi tout jeu. Les clavettes sont réalisées avec un matériel à base de tissu de verre imprégné de résine époxy.

Des rubans de roving de verre recouvert d'un bas en polyester et imprégné de résine lient les têtes entre elles et aux supports isolants réalisés en tissu de verre imprégné de résine époxy

D'autres anneaux en roving de verre recouverts d'un bas en polyester confèrent au panier des têtes une robustesse apte à supporter les efforts électrodynamiques.

Le raccord entre les semi-bobines est effectué moyennant un brasage.

Les connexions sont isolées par un bandage de ruban en tissu de verre de mica continu sur lequel est appliqué un ruban en fibre polyester thermoastringente.

Le stator, ainsi préparé, est traité dans un autoclave: il est d'abord soumis à un traitement sous vide qui permet d'extraire les solvants et l'humidité présents dans les bandages, et ensuite imprégné de résine et polymérisé.

Les jonctions entre les semi-bobines sont isolées, au niveau des changements de phase, par des boîtes de fibre de verre et résine polyester remplies, dans l'espace disponible, avec de la résine durcissable à froid figure 2.12. Pour conférer une plus grande rigidité aux têtes de l'enroulement, sont interposés des coins isolants entre les boîtes, de façon à former un collier continu.

Le stator complet est ensuite peint et soumis aux essais électriques

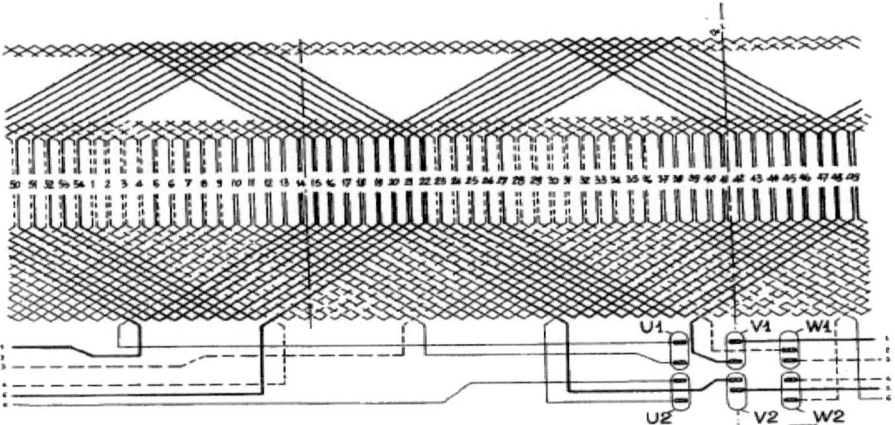

Fig. II. 9 Schémas enroulement stator, [3].

1. Cale fond de cavité
2. Protection anti-effluve
3. Isolement principal
4. Isolement intermédiaire
5. Conducteur élémentaire
6. Cale intermédiaire
7. Cale sous clavette
8. Clavette

Fig. II. 10 Coupe cavité stator, [3].

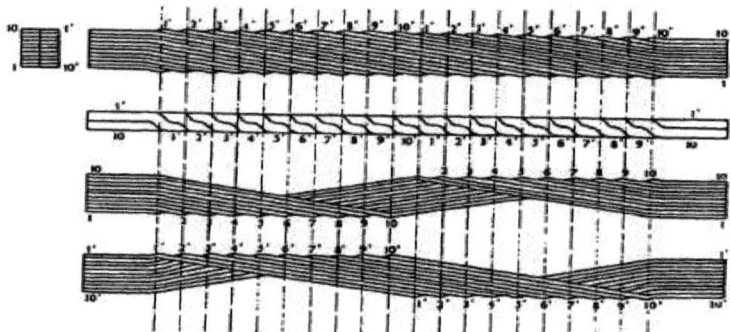

Fig. II. 11 Transposition Roebel, [3].

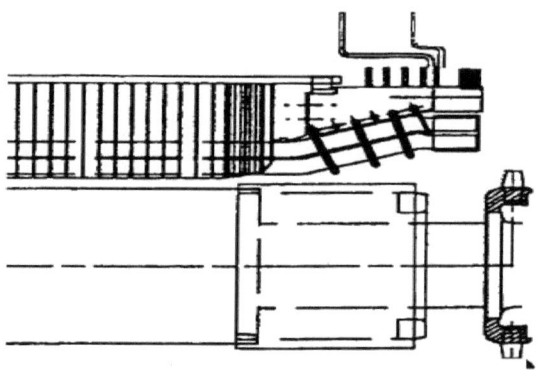

Fig. II. 12 Ancrage de tête, [3].

2.3.4.2 Rotor [3]

- **Arbre du rotor** [3]

L'élément tournant de l'alternateur est constitué principalement par le rotor qui est obtenu d'une seule pièce forgée.

Avant d'être usinée, la pièce forgée est soumise à des contrôles sévères, parmi lesquels l'essai aux ultrasons pour vérifier l'absence de défauts internes et les caractéristiques mécaniques requises. En effet, le rotor, pendant sa rotation à la vitesse nominale, est sujet à des contraintes très élevées, dues à la force centrifuge, qui nécessitent de matériaux ayant une haute résistance mécanique.

Les cavités où est logé l'enroulement du rotor sont obtenues par un fraisage de la pièce forgée et contiennent les bobines de l'enroulement rotorique, maintenues en place par des clavettes métalliques.

Les autres cavités aussi (cavités polaires) sont obtenues par un fraisage et permettent d'améliorer le système de refroidissement du rotor.

Deux hélices de ventilation axiales montées sur l'arbre aux deux extrémités permettent à l'air de refroidissement de circuler.

Du côté du couplage à la turbine à gaz, le rotor est mis à la terre à travers des balais montés sur le support de l'alternateur.

La mise à la terre est nécessaire car la présence de courants parasites axiaux serait nuisible aux paliers, en causant une altération sur le débit de l'huile, qui entraînerait la formation d'alvéoles sur le métal blanc.

- **Hottes des Bobines** [3]

Les hottes de blindage ont la fonction de maintenir les têtes de l'enroulement du rotor dans leur position correcte en empêchant que, pendant le fonctionnement, elles aient tendance à fléchir à cause de la force centrifuge.

Les hottes de blindage sont construites en acier amagnétique. Le projet et la réalisation finale de ces composants ont été attentivement suivis pour optimiser leur dimensionnement: les hottes de blindage sont en effet les composants du générateur les plus sujets à des contraintes mécaniques.

Le montage est réalisé par un emboîtement à chaud effectué sur la surface externe des deux extrémités du corps du rotor. Pendant l'opération de chauffage, la valeur de la température est gardée rigoureusement sous contrôle, pour éviter que des chauffages trop élevés provoquent une réduction des caractéristiques mécaniques du matériel.

- **Enroulement du rotor** [3]

L'enroulement du rotor a la fonction de créer le champ magnétique nécessaire à produire aux boîtes d'extrémité de la machine la valeur de tension requise.

L'enroulement présente un refroidissement direct. Il est en effet constitué par des conducteurs creux rectangulaires en cuivre à l'argent extrudé.

A cause du chauffage qu'il subit pendant le fonctionnement, l'enroulement s'allonge symétriquement par rapport au centre du rotor vers les deux extrémités

Le refroidissement axial assure des différences minimums des températures en excès en sens radial. C'est pourquoi on évite tout mouvement relatif entre des conducteurs, soit pendant le fonctionnement normal, soit pendant les phénomènes transitoires dûs à des perturbations.

Les différents conducteurs sont isolés entre eux et le système, cuivre plus isolement, est tel que tout l'enroulement se déplace facilement par rapport aux goujons. Ce mouvement se produit avec un coefficient de frottement très bas.

Cela mène à un fonctionnement sans aucune vibration dans n'importe quelle condition.

Une cellule en forme de U, obtenue par des plaques spécialement façonnées en papier de polyamide, constitue l'isolement vers la masse. L'isolement des têtes est réalisé avec le même matériel. L'isolement entre des spires dans la cavité est par contre constitué par un tissu de verre imprégné de résine époxy.

Dans la tête, des entretoises en matériaux isolants de fibre de verre positionnent d'une manière exacte les bobines, l'une par rapport à l'autre: de plus elles définissent le passage de l'air de ventilation.

Tous les matériaux isolants appartiennent à la classe F.

Chapitre II : Introduction à la Centrale de Hassi Messaoud du Ouest

Des queues d'aronde, exécutées en alliage de cuivre et nickel, ferment les cavités et font en outre partie de l'enroulement amortisseur.

La fonction de l'enroulement amortisseur est d'offrir une voie à faible résistance aux courants dûs aux champs qui tournent dans le sens contraire du rotor. De cette façon ils empêchent à l'énergie associée à ces champs d'avoir des effets destructifs.

Cet enroulement est constitué par les goujons qui sont faits en une seule pièce sur toute la longueur du corps du rotor. Les forces centrifuges les compriment contre les hottes de blindage aux deux extrémités du corps du rotor, en formant ainsi une cage d'amortissement complète.

Système de réfrigération

Circuit de ventilation

Le générateur est une machine ventilée à l'air dans un circuit fermé qui prévoit des échangeurs de chaleur eau/air.

Deux hélices de ventilation axiales fournissent la quantité d'air de refroidissement nécessaire. Il y a deux circuits de ventilation en parallèle, chacun alimenté par une hélice: ces circuits sont toutefois croisés de façon à minimiser les déséquilibres en cas de panne d'un réfrigérant. Le stator est divisé en quatre chambres de ventilation pour chaque moitié du générateur. Une partie de l'air de ventilation est envoyée directement dans l'entrefer. Là elle rencontre l'air qui sort des têtes de l'enroulement du rotor. Ensemble ils passent de l'entrefer à travers (es canaux de ventilation du paquet et entrent dans la première chambre de ventilation de la carcasse. De là, cet air passe à travers les réfrigérants et revient ensuite vers l'hélice. La seconde partie de l'air refroidit la tête de l'enroulement du stator et, passant à travers des canaux axiaux, elle entre dans la seconde chambre de ventilation. De là, à travers les canaux de ventilation du paquet, elle arrive dans l'entrefer où elle se divise en deux flux: te premier passe à travers les canaux du paquet dans

Chapitre II : Introduction à la Centrale de Hassi Messaoud du Ouest

la première chambre de ventilation, l'autre atteint le centre de la machine où il s'unit à l'air provenant du rotor et passe ensuite, toujours à travers les canaux du paquet, dans la troisième chambre de ventilation de la carcasse. A ce point, l'air désormais chaud passe à travers les réfrigérants et revient vers l'hélice. La quatrième chambre fournit de l'air frais au centre de la machine pour réduire la température de l'air qui afflue dans la troisième chambre. Le rotor engendre son propre flux d'air de ventilation en vertu du fait qu'il tourne. La sortie de l'air se trouve sur un diamètre supérieur à celui de l'entrée et cela engendre la hauteur d'élévation nécessaire pour obtenir le débit d'air requis.

L'air entre dans le rotor entre les hottes de blindage et l'arbre et s'achemine dans la chambre de ventilation de la tête. De là l'air entre dans les conducteurs percés de l'enroulement où il se divise en deux flux: te premier passe dans le conducteur creux de la cavité du rotor, atteint le centre du rotor d'où il passe dans l'entrefer à travers des orifices radiaux dans les conducteurs et les goujons. Le second flux entre dans les conducteurs creux des têtes, atteint l'axe polaire où il abandonne les conducteurs pour finir ensuite dans l'entrefer à travers des cavités courtes pratiquées à l'extrémité du corps polaire. Les Figures 2.12 et 2.13 montrent le circuit de ventilation de la machine.

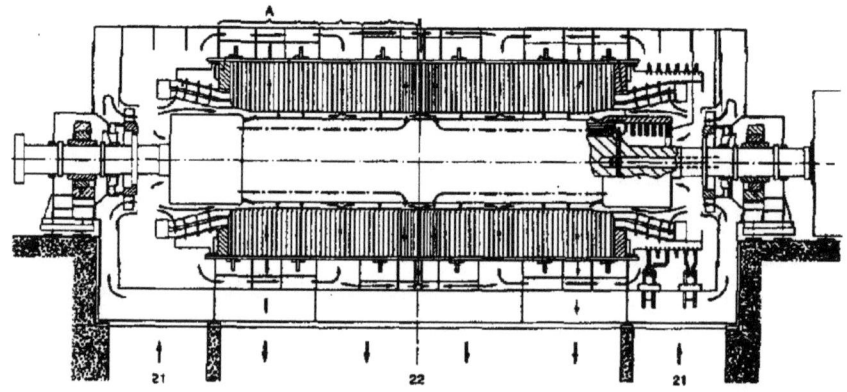

Fig. II. 13 Schéma de ventilation, [3].

A Chambre 1
B Chambre 2
C Chambre 3
D Chambre 4
21 Air froid
22 Air chaud

2.3.4.3 Réfrigérants [3]

Les pertes qui se produisent dans les parties actives de la machine pendant son fonctionnement sont cédées à l'air et amenées à l'extérieur à travers des réfrigérants air/eau.

Les réfrigérants sont disposés dans la partie inférieure de la carcasse du générateur,

Système anticondensation

Pour protéger la machine contre l'humidité pendant les arrêts, on a prévu un système de chauffage par des résistances commandées par des thermostats

Supports et paliers

Supports

Les supports sont du type à chevalet et sont réalisés dans une structure robuste en acier soudé. Ils sont divisés le long de la ligne médiane horizontale; il est donc possible d'inspecter les paliers en démontant la partie supérieure des supports.

2.3.4.4 Paliers [3]

La fonction principale des paliers est de garantir une rotation concentrique et sans oscillations de l'arbre du rotor. Les roulements absorbent en outre les forces radiales engendrées par l'excentricité résiduelle (limitée) du rotor et par les irrégularités magnétiques (légères) dues à des tolérances de fabrication et de montage.

La surface interne du palier est revêtue d'une couche de métal antifrottement, à base d'étain, fermement ancrée à l'anneau externe. Un releveur spécial de température ayant l'élément sensible en contact avec le métal antifrottement permet de garder constamment sous contrôle la température du palier.

Pour garantir le graissage et limiter la température pendant le fonctionnement, de l'huile sous pression est envoyée à l'intérieur du palier.

Pour empêcher que tout courant d'arbre endommage l'arbre ou le métal blanc des paliers, ceux-ci sont isolés du sol, tandis qu'un système de mise à la terre du rotor du côté de la turbine lie l'arbre au potentiel de terre.

L'isolement du palier est situé entre la selle porte-palier et le support. Même les anneaux du segment racleur d'huile et la connexion de l'huile de la pompe de relevage du rotor sont isolés. Se rapporter à la figure 2.14.

2.3.4.5 Graissage [3]

L'huile de graissage arrive aux paliers du générateur depuis l'installation de graissage de la turbine. Un refroidissement adéquat de l'huile, obtenu à l'aide de réfrigérants installés dans l'équipement de la turbine, garantit une élimination adéquate de la chaleur générée par le frottement pendant le fonctionnement.

L'huile poussée à l'intérieur du roulement provoque un voile d'huile dynamique entre la surface externe de l'arbre et celle interne du palier, en empêchant aux deux organes d'entrer en contact direct. L'huile sous pression entre dans le palier à travers un orifice et se distribue tout le long de la surface interne du palier.

A la sortie, l'huile est recueillie dans un collecteur et envoyée directement à un réservoir de séparation à l'intérieur duquel sont libérées à l'atmosphère les parties d'air qui se sont accumulées pendant la traversée du palier.

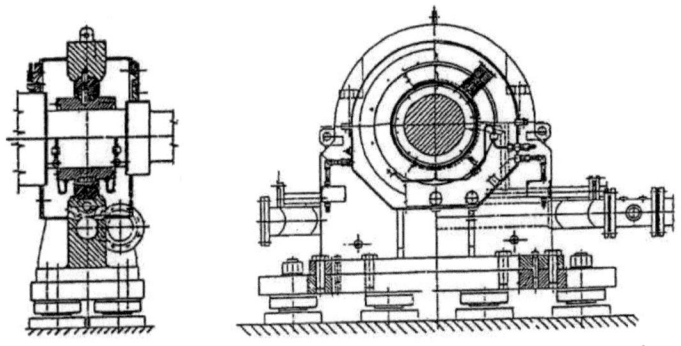

Fig. II. 14 Support et palier, [3].

2.3.4.6 Données principales de l'Alternateur de la centrale de HMO [3]

Puissance	145000	KVA
Voltage	11500	V
Courant	7280	A
Fréquence	50	Hz
Facteur de puissance	0.8	
Vitesse de rotation	3000	trs/mn
Vitesse de fuite	3600	trs/mn
Moment d'inertie	4.9	tm^2
Rapport de court-circuit	0.5	

- *Stator*

Couplage enroulement (N.6 bornes) :	en étoile
Type d'enroulement	imbriqué, double couche
.pas raccourci	
Classe d'isolement enroulement	F
Température enroulement	124 °C
Résistance de phase enroulement (à 75°C)	0.00094 ohm.

Rotor

Classe d'isolement enroulement	F

Température enroulement	105 °C
Résistance de phase enroulement (à 75°C)	0.155 ohm.
Excitation	
Type d'excitation	brushless
Tension d'excitation	242 V
Courant d'excitation	1419 A

2.3.4.7 Principe des alternateurs de grande puissance [22]

Les alternateurs commerciaux sont construits avec un inducteur fixe ou un inducteur rotatif. L'inducteur est composé de deux ou de plusieurs pôles produisant un champ magnétique constant.

Un alternateur à inducteur fixe a la même apparence extérieure qu'une génératrice à courant continu. Les pôles saillants produisent le champ magnétique qui est coupé par les conducteurs situés sur l'induit. L'induit porte un enroulement triphasé dont les bornes sont connectées à trois bagues montées sur l'arbre. Un groupe de balais fixes recueille la tension triphasée qui est appliquée à la charge. L'induit est entraîné par un moteur à explosion (ex. turbine) ou toute autre source de force motrice.

La valeur de la tension triphasée dépend de la vitesse de rotation et de l'intensité du champ magnétique. La fréquence dépend de la vitesse et du nombre de pôles de l'inducteur. Les alternateurs à inducteur fixe sont utilisés pour des puissances inférieures à 5 kVA. Pour des puissances plus importantes, il est plus économique, plus sécuritaire et plus pratique d'employer un inducteur tournant.

Un alternateur à inducteur tournant possède un induit fixe, appelé stator. Cette construction est plus avantageuse car elle permet d'alimenter directement le circuit d'utilisation sans passer par les bagues de fortes dimensions qui seraient requises avec un induit tournant. De plus, l'isolement des bobinages du stator est grandement simplifié du fait qu'ils ne sont soumis à aucune force centrifuge.

Une génératrice à courant continu, appelée excitatrice, habituellement montée sur le même arbre que l'alternateur, fournit le courant d'excitation aux électroaimants inducteurs.

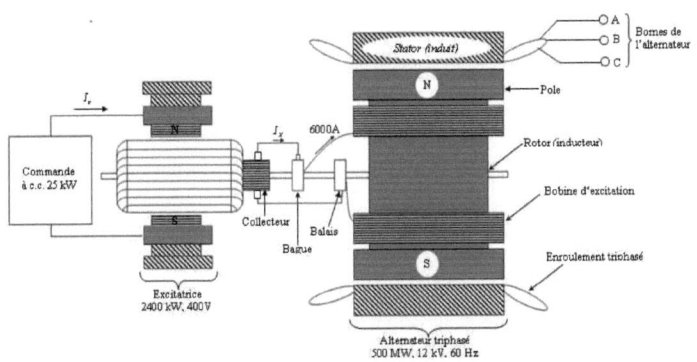

Fig. II. 15 Vue en coupe d'un alternateur de 500MW avec son excitation principale de 2400 kW. Le courant d'excitation I_x de 6000A doit passer par un collecteur et deux bagues. Le courant de commande I_c provenant de l'excitation pilote permet de faire varier le champ de l'excitation et, par la suite, le courant I_x, [22].

La figure 2.15 montre les parties principales d'un alternateur à inducteur tournant. Noter que pour alimenter le champ au moyen du courant I_x, les balais frottant sur le collecteur de l'excitatrice doit être raccordés à un deuxième groupe de balais qui glissent sur deux bagues. Nous verrons plus loin que dans les systèmes modernes, on remplace l'excitatrice à c.c. par un générateur à c.a. et un redresseur monté sur l'arbre.

2.3.4.8 Excitatrice [22]

L'excitation d'un alternateur puissant constitue un de ses éléments les plus importants. En effet, le champ doit non seulement induire une tension appropriée, mais il doit aussi pouvoir varier rapidement lorsque la charge varie brusquement. La vitesse de réponse est un facteur important pour le maintien de la stabilité du réseau auquel l'alternateur est branché. Afin d'obtenir une repose rapide on utilise deux excitatrices : une excitatrice principale et une excitatrice pilote.

L'excitatrice principale fournit le courant d'excitation de l'inducteur, habituellement par l'intermédiaire de balais et de bagues. En régime normal, la tension générée est comprise entre 125 V et 600 V. On peut la régler manuellement ou automatiquement en faisant varier l'intensité du champ inducteur, c'est-à-dire en agissant sur le courant d'excitation I_c, provenant de l'excitatrice pilote Figure 2.16.

La puissance nominale de l'excitatrice principale dépend surtout de la capacité et de la vitesse de l'alternateur qu'elle alimente. Par exemple, la puissance fournie par une excitatrice à un alternateur de 1000 kVA peut être de l'ordre de 25 kW (soit 2.5 % de la puissance), alors que celle fournie à un alternateur de même vitesse, mais d'une puissance de 500 MW, est d'environ 2500 kW (soit seulement 0.5 % de la puissance de l'alternateur).

En régime normal, l'excitation est commandée automatiquement ; elle varie suivant les fluctuations de la charge pour garder la tension constante ou, encore, pour changer la puissance réactive débitée par l'alternateur. Une perturbation grave sur un réseau peut occasionner une baisse subite de la tension aux bornes de l'alternateur. L'excitatrice doit alors répondre très rapidement pour soutenir la tension. Par exemple, la tension d'excitation peut doubler par rapport à sa valeur nominale en 300 ou 400 ms, ce qui représente une réaction extrêmement rapide, si l'on considère que la puissance des excitatrices est de quelques milliers de kilowatts.

- **Excitation sans balais (Brushless)** [22]

A cause de l'usure des balais et de la poussière conductrice qu'ils dégagent, il faut effectuer une maintenance constante des bagues et du collecteur, sinon on risque des courts-circuits. Pour éviter ce problème, on utilise de nos jours les systèmes d'excitation sans balais dans lesquels un alternateur-excitateur et un groupe de redresseurs fournissent le courant continu à l'alternateur principale figure 2.17.

Si on compare le système d'excitation de cette figure avec celui de la figure 2.16, on constate qu'ils sont identiques, sauf que le redresseur remplace le collecteur, les bagues et les balais.

Le courant de commande I_c provenant de l'excitatrice pilote régularise I_x, comme dans le cas d'une excitatrice à courant continu conventionnelle.

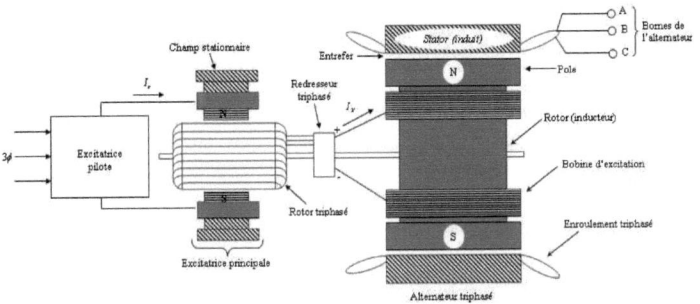

Fig. II. 16 Schéma montrant le principe d'une excitation sans balais, [22].

L'alternateur-excitateur et les redresseurs sont montés en bout d'arbre et tournent ensemble avec l'alternateur principal figure 2.18.

L'alternateur-excitateur triphasé possède habituellement un nombre de pôles tel que sa fréquence soit 2 ou 3 fois celle du réseau. D'où, L'alternateur-excitateur triphasé du central HMO possède 8 pôles tels que sa fréquence soit 200 Hz.

Chapitre II : Introduction à la Centrale de Hassi Messaoud du Ouest

- **Principe et fonctionnement de l'excitateur du central HMO** [3]

L'enroulement triphasé statorique de l'excitatrice principale est alimenté en courant continu à travers un régulateur électronique (AVR).

Le flux magnétique généré induit une tension alternative dans l'enroulement rotorique de l'excitatrice principale, qui est redressée par un pont à diodes à six branches. Chaque branche possède en parallèle quatre déchargeurs qui permettent d'atténuer les crêtes de tension qui se créent à chaque commutation.

Les diodes sont montées sur des corps à ailettes en aluminium, qui permettent de refroidir adéquatement ces dernières. L'excitatrice a en outre un propre circuit de ventilation intégré à celui du turbogénérateur, dans lequel l'air de refroidissement est agité par le rotor voire A14, A19.

1 Stator de l'excitatrice principale [3]

Le paquet de tôles statorique est constitué par de petites tôles isolées par une peinture, empilées séparément de la carcasse et compactées entre elles par des bagues de pression en acier unies par des tirants à l'extérieur du paquet.

Les bobines de l'enroulement, réalisées avec un fil de cuivre émaillé, ont des têtes très courtes, donc avec une robustesse élevée.

Le stator ainsi complété est introduit dans la carcasse et fixé à celle-ci par des coins en acier soudés soit aux bagues à l'intérieur de la carcasse, soit aux tirants à l'extérieur du paquet de tôles.

Les extrémités de l'enroulement sont câblées à un bornier situé à l'extérieur de la carcasse, ayant la dénomination U, V, W; les bornes V et W sont court-circuitées.

Le schéma de l'enroulement est représenté dans l'annexe 15.

2 Rotor de l'excitatrice principale [3]

Le paquet de tôles rotorique est construit sur un petit tronc d'arbre avec des bras, à son tour boulonné à la roue porte-diodes.

Les tôles du rotor sont empilées et comprimées entre elles par des bagues de pression en aluminium aux deux extrémités.

L'enroulement du rotor est constitué par des barres dont les extrémités sont maintenues en position par des rubans serrés.

Le pont redresseur est alimenté par la tension alternative triphasée générée dans l'enroulement.

Des connexions spéciales en cuivre, fixées au tronc par des tirants isolés, raccordent les extrémités de l'enroulement au pont.

Les diodes du pont sont soutenues par la roue porte-diodes et sont aisément accessibles depuis l'extérieur.

Le schéma de principe est représenté dans l'annexe 17.

3 Système de protection terre rotor [3]

Sur l'excitatrice est appliqué le système de relevé de "terre rotor" du turboalternateur, de façon à identifier des pannes qui pourraient mettre à la masse l'enroulement rotorique. Une bague de contact, sur laquelle est placé un balai, raccordée au début de l'enroulement, permet de mesurer d'une manière continue le potentiel de l'enroulement par rapport à la masse. Le balai est maintenu en contact avec l'arbre moyennant un ressort à spirale qui permet une pression uniforme lorsque la longueur du balai diminue voire l'annexe 18

4 Caractéristique technique de l'excitateur [3]

Les données caractéristiques sont les suivantes:

Désignation	WBT 95
Nombre de pôles	8
Nombre de diodes	24

Nombre de branches	6
Classe d'isolement du stator	F
Classe d'isolement du rotor	F
Classe des températures en excès	B
Puissance nominale	423 kW
Tension nominale	265 V
Courant nominal	1500 A
Tension d'excitation	82 V
Courant d'excitation	22.5 A
Fréquence	200 Hz
Vitesse nominale	3000 trs/mn

5 Mise en service, fonctionnement et surveillance [3]

La tâche de l'excitatrice est de maintenir constante, lorsque la charge varie, la tension aux bornes du générateur. Elle doit en outre compenser rapidement les brusques variations de tension qui se présentent pendant les opérations de déconnexion du turbo générateur du réseau.

6 Contrôles à la mise en service [3].

L'exécution de l'entretien dans les délais prévus est la prémisse d'un fonctionnement sûr et fiable. Du point de vue électrique, l'excitatrice est dimensionnée pour couvrir les nécessités maximums du turbogénérateur, avec une marge minimum de 10% en termes soit de tension, soit de courant. On a prévu que l'excitatrice sera en mesure de couvrir des impulsions d'excitation ("ceiling") jusqu'à une valeur égale à 1,2 fois la tension nominale.

Le respect des valeurs de plaque soit en service continu, soit en service de courte durée, permet à la machine de fonctionner pendant longtemps

7 Contrôles pendant le fonctionnement [3]

L'équipement décrit ci-après est destiné à la surveillance et à la protection de l'excitatrice

8 Contrôle des diodes [3]

Un relais de protection installé sur le circuit du champ de l'excitatrice principale contrôle d'une manière indirecte le pont redresseur. Lorsque se présente une discontinuité ou un court-circuit dans une diode, le relais désexcite rapidement, en prévenant l'endommagement d'autres diodes.

9 Contrôle de la température de l'air de refroidissement [3]

Le débit nécessaire d'air de refroidissement est mis en circulation par le rotor de l'excitatrice. Pour protéger les matériaux isolants contre des sur chauffages, et donc contre des vieillissements prématurés, on contrôle la température de l'air chaud que délivre l'excitatrice, moyennant une thermo résistance positionnée dans le conduit de décharge.

Le circuit de ventilation de l'excitatrice étant en commun avec celui du turboalternateur, la mesure de l'air froid est faite dans un seul point en aval des réfrigérants de la machine.

9 Marche à vide : courbe de saturation [22]

La figure 2.18a montre un alternateur bipolaire tournant à vide à une vitesse constante. Le courant d'excitation I_x, provenant d'une excitatrice appropriée, crée le flux ϕ dans l'entrefer. Les extrémités de l'enroulement triphasé du stator sont raccordées aux bornes A, B, C et N. la figure 2-18b est un diagramme schématique que de l'alternateur, montrant le rotor et les trois phases du stator.

Supposons que l'on augmente graduellement le courant d'excitation tout en observant la tension E_0 entre une phase (la phase A, par exemple) et le neutre N. on constate que E_0 augmente d'abord proportionnellement à I_x. Cependant, au fur et à mesure que le flux augmente, l'acier se sature, et la tension croit de moins en moins pour une même augmentation de I_x. En effet, si l'on trace la courbe de E_0 en fonction de I_x, on obtient une courbe de saturation semblable à celle d'une génératrice à c.c.

La figure 2.18c donne la courbe de saturation à vide pour un alternateur de 36 MW ayant une tension nominale de 12 kV (ligne à neutre). La tension augmente proportionnellement au courant jusqu'à 9 kV, puis l'acier commence à se saturer. On atteint une tension de 12 kV lorsque $I_x = 100 A$, mais si l'on double le courant, la tension ne monte qu'à 15 kV.

2.3.4.10 Circuit équivalent d'un alternateur : réactance synchrone [22]

Lors de l'étude des génératrices à courant continu, on a montré qu'on peut représenter le circuit équivalent par une tension induite E_0 en série avec la résistance R de l'induit figure 2.19. Le courant d'excitation I_x produit le flux ϕ, lequel engendre la tension E_0. Enfin, la tension E_b aux bornes de la génératrice dépend de la valeur de E_0 et du courant I tiré par la charge.

On peut représenter un alternateur triphasé par un circuit semblable qui montre trois tensions induites E_0, correspondant à chacune des phases figure 2.20. De plus, comme il s'agit d'une machine à c.a. il faut ajouter à la résistance R de chaque phase une réactance X_s, appelée réactance synchrone de l'alternateur. La réactance synchrone est due à la self-inductance des enroulements du stator et, comme leur résistance, elle constitue une impédance interne qu'on ne peut pas voir ni toucher.

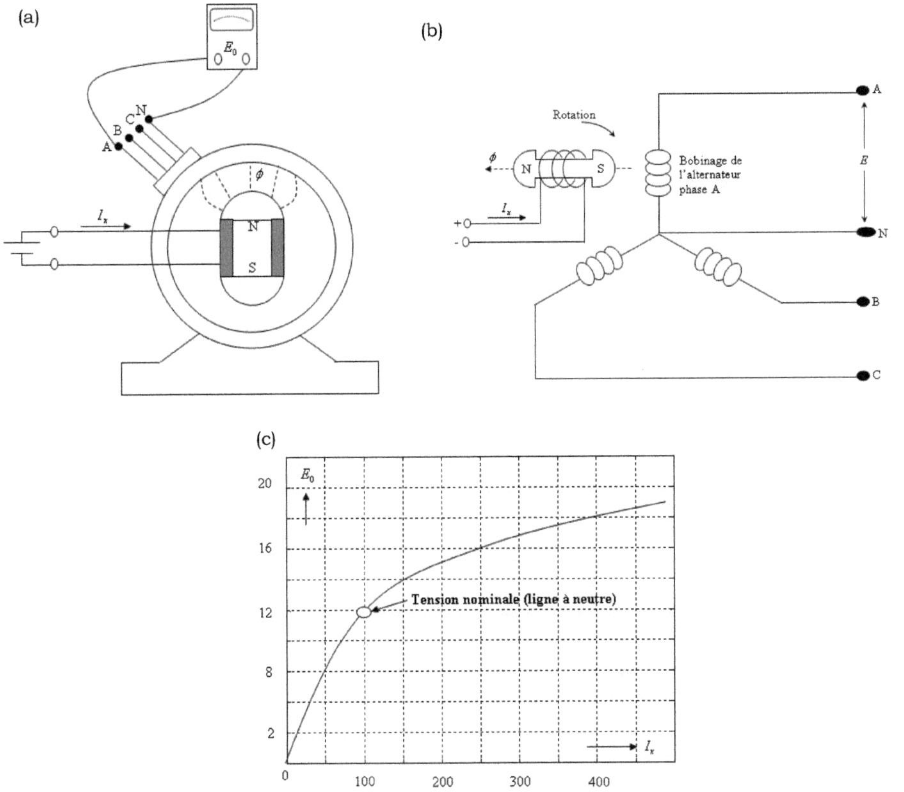

Chapitre II : Introduction à la Centrale de Hassi Messaoud du Ouest

Fig. II. 17 a. Alternateur de 36 MVA, 21 kV.

b. Diagramme schématique des enroulements de l'alternateur.

c. courbe de saturation de l'alternateur montrant la tension induite en fonction du courant d'excitation, [22].

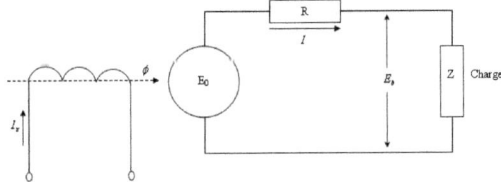

Fig. II. 18 Circuit équivalent d'une génératrice à c.c, [22].

Chapitre II : Introduction à la Centrale de Hassi Messaoud du Ouest

La charge raccordée aux bornes de l'alternateur comprend trois impédances identiques Z connectée en étoile. Puisque toutes les impédances du circuit sont équilibrées, il s'ensuit que le neutre de l'alternateur est au même potentiel que celui de la charge.

Le circuit de la figure 2.20 est assez complexe, mais on peut le simplifier en ne montrant qu'une seule phase. En effet, les deux autres phases sont identiques sauf que les courants et les tensions respectifs sont déphasés de 120° et 240°. De plus, on peut simplifier le circuit davantage, car la valeur de X_s est toujours au moins 10 fois plus grande que celle de R. On peut donc négliger la résistance, ce qui donne le circuit simple de la Fig 2.21. Évidemment, on doit tenir compte de cette résistance en ce qui concerne les pertes et l'échauffement de stator.

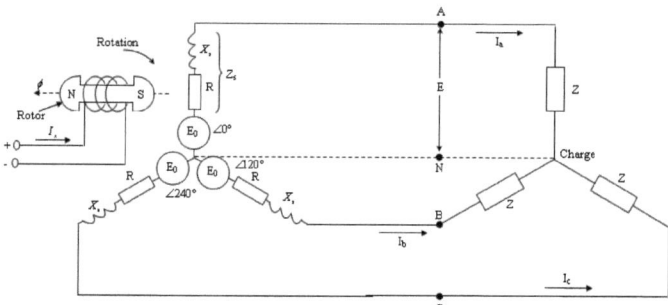

Fig. II. 19 Tension et impédance d'un alternateur alimentant une charge triphasée, [22].

Dans cette figure, le courant d'excitation I_x produit le flux ϕ, lequel engendre la tension alternative interne E_0. La tension E_b aux bornes de l'alternateur dépend de la valeur et de la nature de la charge Z. Enfin, les tensions E_0 et E_b sont les tensions de ligne à neutre et le courant I circule dans un fil de ligne.

Selon le type de construction de l'alternateur, la valeur de la réactance synchrone peut varier entre 0.8 et 2 fois l'impédance de la charge nominale. Malgré cette impédance interne élevée, l'alternateur peut débiter des puissances très importantes, car la réactance synchrone ne consomme aucune puissance active.

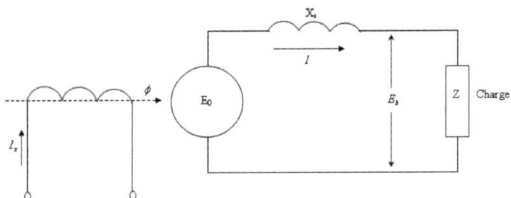

Fig. II. 20 Circuit équivalent d'un alternateur triphasé, montrant une phase seulement, [22].

2.3.4.11 Alternateur en charge [22]

Le comportement d'un alternateur dépend de la nature de la charge qu'il alimente. On distingue quatre sortes de charges :

1. charge résistive
2. charge inductive
3. charge capacitive
4. réseau infini

Nous étudierons d'abord les trois premiers types de charges, reportant l'étude du réseau infini à la suite.

Soit un alternateur de 36 MVA, 20.8kv, ayant une tension nominale de 12 kV (ligne à neutre), une réactance synchrone de 5Ω et un courant nominal de 1 kA. La courbe de saturation de cet alternateur est donnée à la figure 2.22c.

En considérant une phase seulement, branchons successivement aux bornes de cette machine une charge résistive, inductive et capacitive de 12 Ω. Ajustons l'excitation à chaque fois afin que la tension aux bornes reste égale à 12 kV (ligne à neutre) et le courant à 1 kA figure 2.22

Chapitre II : Introduction à la Centrale de Hassi Messaoud du Ouest

La chute de tension dans la réactance synchrone demeure donc constante et égale à une valeur de :

$$E_x = 5\Omega \cdot 1kA = 5kV$$

A cause de la nature inductive de X_s, cette tension est déphasée de 90° en avant du courant.

Considérons maintenant les figures 2.22a à 2.22c et les diagrammes vectoriels correspondants.

Figure 2.22a : l'alternateur tournant à vide, la tension induite E_0 est égale à la tension aux bornes E_b, car la chute de tension dans X_s est nulle. On a donc : $E_0 = E_b = 12\ kV$.

En se référant à la figure 2.18c, pour générer une tension E_0 de 12 kV, le courant d'excitation doit être de 100 A.

Figure 2.22b : Avec une charge résistive, le courant I de 1 kA est en phase avec E_b de sorte que la tension de 5 kV est déphasée de 90° en avant de E_b. On trouve que E_0 doit être :

$$E_0 = \sqrt{E_b^2 + E_x^2} = \sqrt{12^2 + 5^2} = 13\ kV$$

Il faut donc augmenter le courant d'excitation I_x pour maintenir une tension de 12 kV aux bornes de l'alternateur. Comme la tension E_0 est de 13 kV, le courant d'excitation doit être de 120 A figure 2.18c.

Figure 2.22c : Avec une charge inductive, le courant I est de 90° en arrière de E_b de sorte que la tension de 5 kV est en phase avec E_b. Il s'ensuit qu'il faut augmenter E_0 à

$$E_0 = 12\ kV + 5\ kV = 17\ kV$$

Ce qui nécessaire un courant I_x encore plus grand, soit une valeur de 325 A (Fig 3.13c).

Figure 2.22d : avec une charge capacitive, I est de 90° en avance sur E_b de sorte que la tension de 5 kV est déphasée de 180° par rapport à E_b. Il s'ensuit qu'on doit diminuer E_0 à

$$E_0 = 12\,kV - 5\,kV = 7\,kV$$

ce qui implique un faible courant d'excitation. En se référant à la figure 2.18c, on trouve que le courant requise est de 50 A seulement. (La tension aux bornes est toujours plus élevée que la tension induite quand un alternateur alimente une charge capacitive.)

Figure 2.22e : Avec une charge industrielle ayant un facteur de puissance de 90% en avance, I est en avance sur E_b de 25.8°. La résolution du diagramme vectoriel donne une tension induite E_0 de 10.8 kV, déphasée de 24.6° en avance sur E_b. Par conséquent, le courant d'excitation I_0 doit être de 80 A (Fig 3.13c).

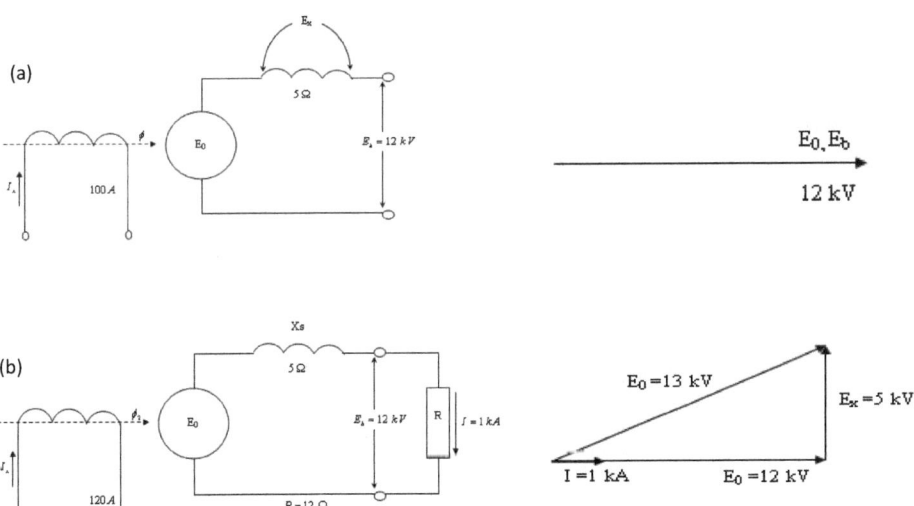

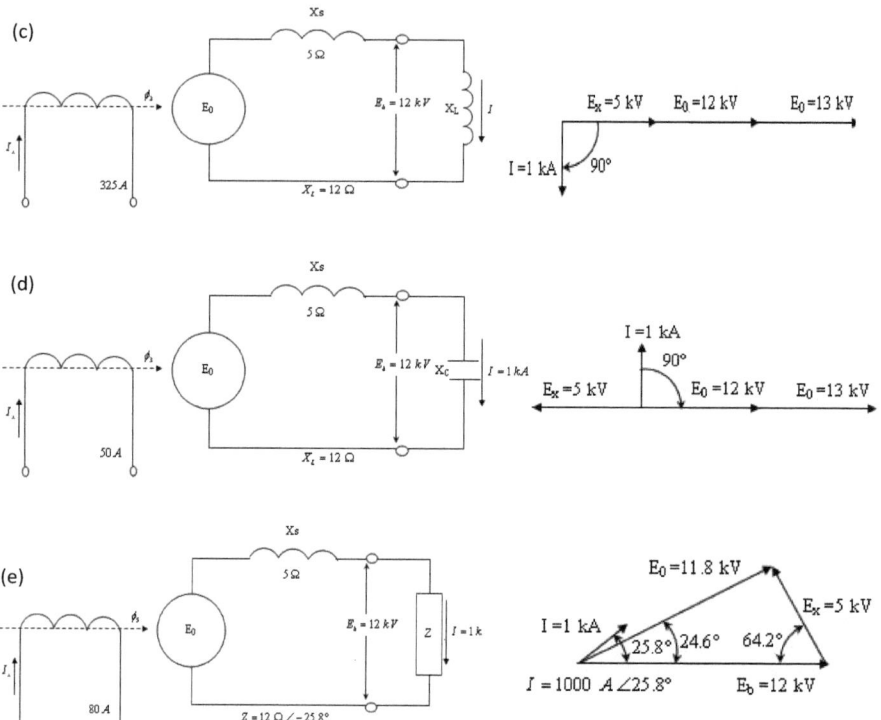

Fig. II. 21 Circuits équivalents et diagrammes vectoriels pour diverses charges raccordées aux bornes d'un alternateur de 36 MVA, 20.8 kV, 60 Hz ayant une réactance synchrone de 5Ω, [22].

2.3.4.12 Synchronisation des alternateurs [22]

Pour brancher un alternateur sur le réseau ou le coupler avec un autre alternateur, il faut respecter les conditions suivantes :

1. la tension de l'alternateur doit être égale à celle du réseau ;
2. la fréquence de l'alternateur doit être la même que celle du réseau ;
3. la tension de l'alternateur doit être en phase avec celle du réseau ;
4. la séquence des phases de l'alternateur doit être la même que celle du réseau.

2.3.4.13 Procédure de synchronisation. [22]

En agissant sur le régulateur de vitesse de la turbine, on amène tout d'abord l'alternateur à une vitesse voisine de la vitesse synchrone, afin que sa fréquence soit proche de celle du réseau. On règle ensuite l'excitation de façon que la tension induite soit égale à celle du réseau.

On observe que les tensions ont même fréquence et même phase au moyen d'un synchronoscope figure 2.23. Suivant le sens de rotation de l'aiguille de cet instrument, on ralentit ou on accélère la machine jusqu'à ce que l'aiguille tourne très lentement. Enfin, au moment où l'aiguille passe devant le point neutre du synchronoscope, les tensions sont en phase ; on ferme alors l'interrupteur qui réalise le couplage de l'alternateur avec le réseau.

Dans les centrales modernes, la synchronisation se fait automatiquement au moment précis où les conditions énumérées précédemment sont respectées.

Fig. II. 22 Synchronoscope (gracieuseté de Cie Générale Electrique), [22].

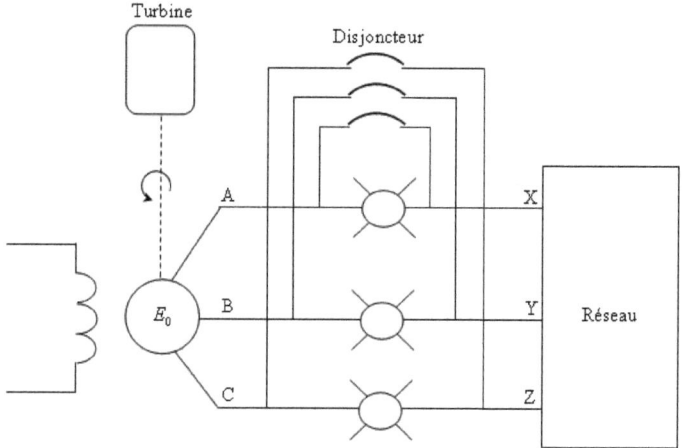

Fig. II. 23 Synchronisation d'un alternateur à l'aide de trois lampes, **[22]**.

2.3.4.13 Synchronisation au moyen de lampes [22]

Bien que cette méthode soit rarement utilisée, on peut synchroniser un alternateur avec un réseau triphasé en utilisant trois lampes à incandescence, au lieu d'un synchronoscope. Le montage est donné à la Fig 2.24. La fréquence et la tension E_0 de l'alternateur sont ajustées à des valeurs proches de celles imposées par le réseau. On remarque alors que les lampes s'allument et s'éteignent ensemble à un rythme correspondant à la différence entre les deux fréquences. Par exemple, si la fréquence de l'alternateur est de 50.1 Hz alors que celle du réseau est de 50 Hz, la fréquence du battement est de

$$50.1 - 50 = 0.1\, Hz$$

Et les lampes s'éteindront toutes les 10 secondes.

Le disjoncteur peut être fermé au moment où les lampes sont éteintes. C'est en effet à ce moment précis que les tensions du réseau et de l'alternateur sont en phase.

Lors du battement, la tension maximale apparaissant aux bornes de chaque lampe est environ deux fois la tension ligne à neutre du réseau. Donc, si la tension ligne à ligne est E_L, la valeur efficace de cette tension est :

$$E_{lampe} = 2 \cdot \frac{E_L}{\sqrt{3}} = 1.15 \cdot E_L$$

Lorsque la séquence des phases de l'alternateur n'est pas la même que celle du réseau, le battement existe toujours, mais au lieu de s'éteindre simultanément, les lampes s'éteignent à tour de rôle. Dans ces circonstances, il est essentiel d'intervertir deux des phases de l'alternateur avant de fermer le disjoncteur figure 3.25.

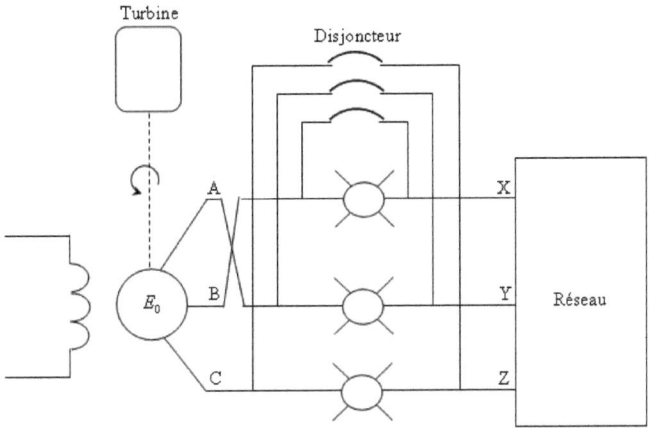

Fig. II. 24 lorsque la séquence des phases de l'alternateur n'est pas la même que celle du réseau, on doit intervenir deux phases, [22].

2.3.4.14 Alternateur branché sur un réseau infini, [22].

A l'exception des endroits isolés figure 3.26, il est assez rare que l'on soit obligé de coupler deux alternateurs en parallèle. Il arrive plus souvent que l'on branche un alternateur à un grand réseau comportant déjà plusieurs centaines d'alternateurs. Ce réseau est tellement puissant qu'il impose une

Chapitre II : Introduction à la Centrale de Hassi Messaoud du Ouest

tension et une fréquence constantes à tout appareil branché à ses bornes. C'est pourquoi on l'appelle réseau infini.

Une fois couplé à un grand réseau (réseau infini), un alternateur fait partie d'un système comprenant des centaines d'autres alternateurs qui alimentent des milliers de charges. Il est alors impossible de préciser la nature de la charge (grosse ou petite, résistive, inductive ou capacitive) branchée aux bornes de cet alternateur en particulier. Quels sont donc les paramètres qui déterminent la puissance qu'il débite dans ces circonstances ?

La tension et la fréquence appliquées aux bornes de la machine étant constantes, on ne peut plus faire varier que deux paramètres :

1. le courant d'excitation I_x ;
2. le couple mécanique exercé par la turbine.

Fig. II. 25 Cette plate forme flottante de forage utilisé pour l'extraction du pétrole de la mer Adriatique est complètement autonome. Elle est alimentée par 4 alternateurs triphasés de 1200 kVA, 440 V, 900 tr/mn, 60 Hz, [22].

2.3.4.14.1 Effet du courant d'excitation [22]

Lorsqu'on synchronise un alternateur, la tension induite E_0 est égale et en phase avec la tension E_b du réseau figure 3.27a. Il n'existe donc aucune différence de potentiel E_x aux bornes de la réactance synchrone. Par

Chapitre II : Introduction à la Centrale de Hassi Messaoud du Ouest

conséquent, le courant I est nul et, bien que l'alternateur soit raccordé au réseau, il n'y débite aucune puissance. On dit alors qu'il « flotte » sur le réseau.

Si l'on augmente le courant d'excitation, la tension E_0 augmente et la réactance X_s est soumise à une tension $E_x = E_0 - E_b$. Un courant $I = (E_0 - E_b)/X_s$ s'établit dans le circuit et, puisque la réactance synchrone est inductive, ce courant est déphasé de 90° en arrière de E_x figure 2.27b. Il est par le fait même déphasé de 90° en arrière de E_b. L'alternateur « voit » donc le réseau comme une inductance, ou encore, ce qui revient au même, le réseau « voit » l'alternateur comme une capacitance.

Donc, lorsque l'on surexcité un alternateur, il fournit au réseau une puissance réactive d'autant plus grande que le courant d'excitation est plus élevé. Contrairement à ce qu'on pourrait penser, il est impossible de changer la puissance active débitée par un alternateur en agissant sur son excitation.

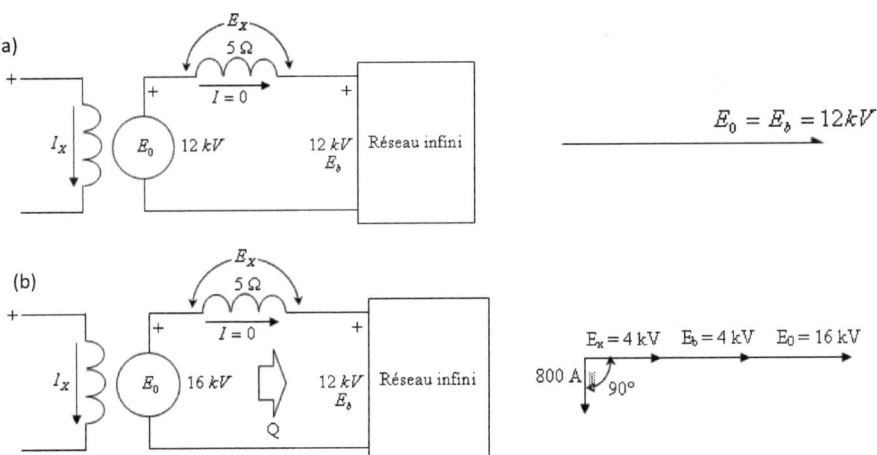

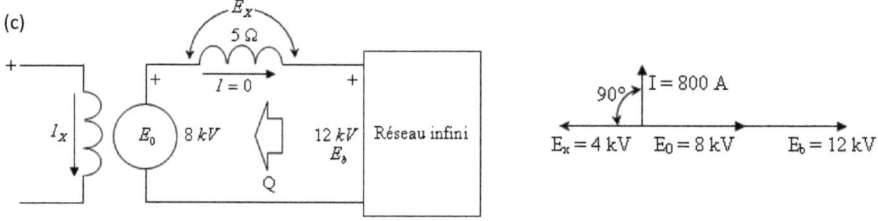

Fig. II. 26 Alternateur de 36 MVA, 21 kV, 60 Hz sur un réseau infini – effet du courant d'excitation, [22].

    a. Alternateur flottant sur le réseau.
    b. L'alternateur surexcité fournit de la puissance réactive au réseau.
    c. L'alternateur sous-excite absorbe de la puissance réactive du réseau.

Enfin, si l'on diminue le courant d'excitation de façon que E_0 devienne plus petit que E_b, le courant I reste déphasé de 90° en arrière de E_x figure 2.27c. Cependant, il est maintenant de 90° en avance sur E_b de sorte que l'alternateur voit le réseau comme une capacitance. Donc, lorsque l'on sous-excite un alternateur il absorbe de la puissance réactive. Cette puissance réactive produit une partie du champ magnétique nécessaire à la machine, l'autre partie étant fournie par le courant I_x.

2.3.4.14.2 *Effet du couple mécanique* [22]

Imaginons de nouveau que l'alternateur flotte sur le réseau, E_0 et E_b étant égales et en phase. Si l'on ouvre les vannes de la turbine afin d'augmenter le couple mécanique, le rotor accélère et la tension E_0 atteint sa valeur maximale un peu plus tôt que précédemment. Tant que le rotor accélère, le vecteur E_0 glisse graduellement en avant du vecteur E_b.

Supposons que le rotor cesse d'accélérer lorsque l'angle entre E_0 et E_b est de 19.2°. L'alternateur continue à tourner à la vitesse synchrone, mais l'angle

Chapitre II : Introduction à la Centrale de Hassi Messaoud du Ouest

de décalage δ entre E_0 et E_b reste constant. Bien que les deux tensions aient même valeur, l'angle de décalage δ produit une différence de tension

$$E_x = E_0 - E_b = 4\,kV$$

Aux bornes de la réactance synchrone (Fig 3.26). Il en résulte un courant I de $4kV/5\Omega = 800\,A$, toujours déphasé de 90° en arrière de E_x. Mais l'on constate, sur la Fig 3.26b, qu'il est maintenant presque en phase avec E_b. Il s'ensuit que l'alternateur débite une puissance active dans le réseau. Comme le courant est légèrement en avance sur E_b, l'alternateur absorbe en même temps une faible puissance réactive du réseau.

2.3.4.15 Interprétation physique du fonctionnement d'un alternateur [22]

Le diagramme vectoriel de la figure 2.28b indique que la puissance active débitée par l'alternateur augmente lorsque le déphasage entre la tension E_b du réseau et la tension induite E_0 augmente. Afin de comprendre les origines physiques de ce diagramme vectoriel, nous examinerons maintenant les courants, les flux et la position des pôles à l'intérieur de la machine.

Tout d'abord, les courants triphasés circulant dans le stator créent un champ tournant identique à celui créé dans le stator d'un moteur asynchrone. Dans un alternateur, ce champ tourne à

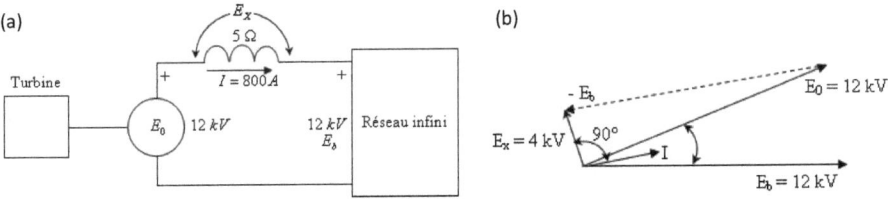

Fig. II. 27 Alternateur sur un réseau infini – effet du couple mécanique, [22].

La même vitesse et dans le même sens que les pôles du rotor. Les champs du rotor et du stator sont donc stationnaires l'un par rapport à l'autre.

Chapitre II : Introduction à la Centrale de Hassi Messaoud du Ouest

Lorsque l'alternateur flotte sur la ligne, le courant circulant dans l'induit est nul et la distribution du flux provenant des pôles du rotor est telle que l'indique la Fig 3.27a. Ce flux induit une tension E_0 qui est en phase avec la tension E_b du réseau.

Si l'on applique à l'alternateur un couple tendant à le faire accélérer, le rotor avance d'un angle mécanique α par rapport à sa position originale. Ce décalage provoque la circulation d'un courant dans le stator figure 3.28b. Il se développe alors des forces d'attraction et de répulsion entre les pôles N, S du stator et les pôles N, S du rotor. Ces forces produisent un couple qui tend à ramener le rotor à sa position originale. C'est précisément ce couple que la turbine doit vaincre pour maintenir l'angle de décalage α Fig 3.29b.

Il existe une relation entre l'angle de décalage mécanique α et le déphasage électrique δ séparant les vecteurs E_0 et E_b. Cette relation est donnée par l'équation ;

$$\delta = \frac{p \cdot \alpha}{2}$$

Où
- P est le nombre de pôles.

Ainsi, pour un alternateur possédant 8 pôles, un décalage mécanique α de 10° correspond à un déphasage électrique δ de :

$$p = \frac{p \cdot \alpha}{2} = \frac{8 \cdot 10}{2} = 40°$$

Où
- δ angle interne de l'alternateur.

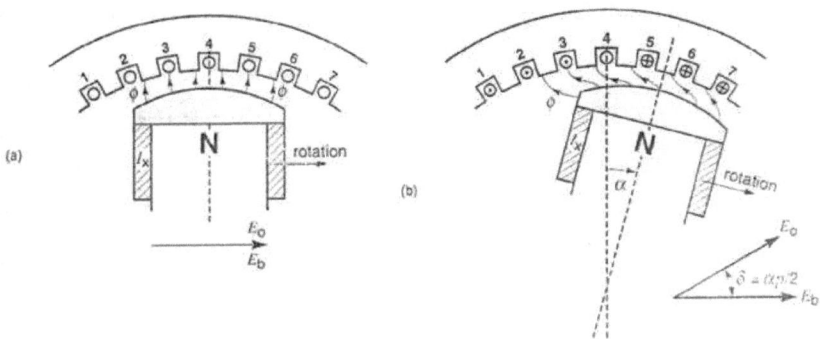

Fig. II. 28 a. Lorsque l'alternateur flotte sur le réseau, la tension induite par le flux ϕ est égale à celle du réseau, [22].

b. Relation entre le décalage mécanique α et le déphasage électrique δ

2.3.4.16 Puissance active débitée [22]

On peut prouver que la puissance active débitée par un alternateur est donnée par l'équation :

$$p = \frac{E_0 \cdot E_b}{X_s} \cdot \sin \delta$$

Où

- p puissance active débitée par phase [W] ;
- E_0 tension induite par phase [V] ;
- E_b tension aux bornes par phase [V] ;
- X_s réactance synchrone par phase [Ω] ;
- δ angle de déphasage interne entre E_0 et E_b, en degrés électriques.

Cette équation s'applique pour toutes les charges, y compris un réseau infini. Dans ce dernier cas, la tension E_b est fixe. Supposons que le courant d'excitation I_x de l'alternateur soit maintenu constant, de sorte que la tension induite E_0 est constante. Par conséquent, le terme $E_0 \cdot E_b / X_s$ est fixe et la

Chapitre II : Introduction à la Centrale de Hassi Messaoud du Ouest

puissance active p que l'alternateur débite dans le réseau variera selon le sinus de l'angle δ.

S'il s'agit d'un alternateur entraîné par une turbine à eau, plus on augmente le débit d'eau, plus l'angle δ augmente, ce qui augmente la puissance active p. La relation entre p et δ est montrée à la figure 2.30. On note que la puissance augmente presque linéairement avec l'angle lorsque ce dernier augmente de zéro à 30°. En fait, pour des considérations de stabilité, la puissance nominale d'un alternateur est atteinte aux alentours de 30°. Cependant, la limite à la puissance qu'un alternateur peut débiter dans un réseau infini correspond à un angle interne de 90°. La puissance active maximale est alors :

$$p_{\max} = \frac{E_0 \cdot E_b}{X_s}$$

Si l'on cherche à dépasser cette limite (par exemple en augmentant le couple de la turbine), l'alternateur perd son synchronisme et « décroche » du réseau. Le rotor se met à tourner plus vite que le champ tournant du stator et des courants pulsatifs intenses circuleront dans ce dernier. En pratique, cette condition ne se produit jamais car les disjoncteurs de protection s'ouvrent aussitôt. Il faut alors resynchroniser l'alternateur avant qu'il puisse reprendre la charge.

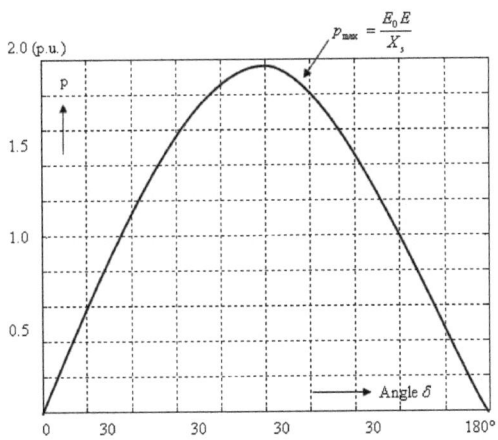

Fig. II. 29 Graphique montrant la relation entre la puissance active débitée par un alternateur et l'angle de décalage δ, [22].

2.3.4.17 Commande de la puissance débitée, [22].

Lorsqu'un seul alternateur alimente un réseau, sa vitesse est maintenue constante par l'action d'un régulateur extrêmement sensible. Celui-ci peut détecter des changements de vitesse de l'ordre de 0.01% de sorte que tout changement dans la puissance active débitée par l'alternateur modifie immédiatement l'ouverture des vannes de la turbine. La fréquence demeure donc très constante.

Dans le cas d'un grand réseau, la puissance débitée par chaque alternateur dépend d'un programme de commande établi d'avance entre les diverses centrales de génération. Les opérateurs communiquent entre eux pour modifier le débit de chaque centrale afin que la génération et le transport de l'énergie soient aussi efficaces que possible. Dans des systèmes plus élaborés, la gestion de l'énergie est appuyée par des programmes d'ordinateur. Toutefois, les régulateurs sont toujours prêts à répondre à un changement de vitesse d'une turbine, en particulier si celle-ci, pour une raison ou pour une autre, se détache du réseau.

Il se peut, dans des conditions anormales, qu'un alternateur en charge soit débranché subitement du réseau. Les vannes de la turbine étant ouvertes, il s'ensuit une accélération rapide de la machine qui peut atteindre une vitesse de 50 % supérieure à sa vitesse normale en 4 ou 5 s. comme les forces centrifuges à la vitesse synchrone sont déjà près de la limite que les matériaux peuvent supporter, cet excès de vitesse constitue une situation extrêmement dangereuse. Il faut donc prévoir un dispositif de fermeture rapide des vannes, tant pour les centrales thermiques que pour les centrales hydrauliques. Dans le cas des turbines à vapeur il faut en même temps fermer les brûleurs.

Le problème des survitesses se pose également lorsqu'un court-circuit se produit près de la centrale. Bien que le courant soit alors une ou deux fois plus élevé que la normale, la puissance active débitée par l'alternateur tempe subitement à zéro, car la réactance de l'alternateur ne consomme que des kilovars. Un court-circuit inattendu est donc tout aussi dangereux qu'un circuit ouvert en ce qui concerne les survitesses.

II.4 Conclusion

Dans ce chapitre nous avons vu que quelques définitions concernant les systèmes et les dispositives qui sont exploitées dans la central du HMO (Hassi Messaoud Ouest), et aussi on a vu en détail le description de l'alternateur parcequ'il est intéressé,

Et comme il a été vu le système d'excitation qui n'est diffère à celle les systèmes récurrents que au niveau de collecteur, d'où cette technologie a pour dut d'augmentation le fiabilité de système (l'ensemble groupe).

Donc d'après ce chapitre on va voir au chapitre prochain la construction de l'alternateur.

Chapitre III
Calcul Pratique de l'Alternateur

III.1 Introduction

Une machine : par définition est un ensemble d'appareils ou d'organes qui sont combinés pour « RECEVOIR » une forme d'énergie. La « TRANSFORMER » ou la « CONVERTIR », pour la « RESTITUER » par la suite sous une autre forme pour « PRODUIRE » un effet donné. On peut classer dans cette catégorie et cela du point de vue physique : une turbine, une pompe, un compresseur, un moteur, un générateur etc., puisqu'ils transforment, convertissent, ou produisent une certaine énergie.

D'une manière générale, on ne classe dans la catégorie des « Machines électrique » que les ensembles utilisant ou produisant de l'énergie électrique [23]

Les alternateurs triphasés sont la source primaire de toute l'énergie électrique que nous consommons. Ces machines constituent les plus gros convertisseurs d'énergie au monde. Elles transforment l'énergie mécanique en énergie électrique avec des puissances allant jusqu'à 1500 MW. La machine que l'on étudiera est de puissance utile développée de 116 MW.

Dans ce chapitre, on commencera par l'étude de réalisation de ces puissants alternateurs modernes et la présentation de leurs matériaux de construction. En suite on traitera la conception de cet alternateur.

Dans cette partie on prendra les données géométriques de l'alternateur de la centrale de HMO comme paramètres à atteindre lors de notre conception. On terminera par une comparaison des principaux paramètres des deux machines.

3.2 Bref historique sur les machines synchrones [5]

Un alternateur synchrone monophasé multipolaire a été inventé en 1892, c'est-à-dire une seule année après la découverte par Faraday du phénomène de l'induction électromagnétique. Un inventeur anonyme qui cachait son nom sous des lettres latines P. M. a proposé une construction intéressante d'un alternateur monophasé à excitation par aimants permanents. Les aimants en fer à cheval étaient fixés sur la périphérie d'un disque tournant et constituaient un inducteur hétéro-polaire. En regard des aimants étaient placés des noyaux fixes en acier massif qui portaient des bobines disposées sur un anneau d'acier jouant le rôle de culasse. Le nombre de noyaux était égal au nombre de pôles des aimants. Un perfectionnement ultérieur des alternateurs synchrones a été retardé pour longtemps du fait de l'utilisation à cette époque du courant continu pour toutes les applications pratiques.

Ce n'est qu'en 1863 que l'anglais G. Wilde a réalisé dans l'alternateur synchrone la proposition de V. I. Zinsteden (1851) relative au remplacement des aimants permanents par des électro-aimants excités depuis une dynamo magnétoélectrique auxiliaire nommée plus tard excitatrice.

L'inducteur fixe de l'alternateur synchrone monophasé de Wilde se présentait sous la forme d'un électro-aimant en ∏ dont les épanouissements polaires entouraient un induit tournant. L'alimentation de l'électro-aimant était assurée par une dynamo-excitatrice magnéto-électrique distincte. Au lieu de l'induit en tige utilisé jusque-là Wilde a utilisé un induit dont l'armature avait une section en double T proposé par l'ingénieur électricien allemand W. Siemens et connu actuellement sous le nom de rotor à pôles saillants. L'armature de l'induit avait la forme d'un cylindre dont la surface présentait des rainures longitudinales dans lesquelles était logé l'enroulement aboutissant à des bagues collectrices.

Chapitre III : Calcul Pratique de l'Alternateur

Les travaux dans le domaine des alternateurs synchrones ont été fortement stimulés par l'apparition de la bougie électrique de Iablotchkov qui exigeait pour son alimentation un courant alternatif. Tout de suite après son invention en 1876, les usines de Gramme ont commencé à fabriquer en série des alternateurs synchrones monophasés qui étaient produits jusqu'alors seulement à la pièce, à base de machines à courant continu. Dès 1876, Iablotchkov a élaboré en collaboration avec les ingénieurs de l'usine de Gramme quelques alternateurs synchrones de même type spécialement destinés à alimenter des bougies en nombre différent (4, 6, 16, 20 bougies). Ces alternateurs étaient en fait des machines synchrones polyphasées dont les phases n'étaient pas électriquement liées entre elles. C'est ainsi par exemple que dans l'alternateur pour 16 bougies l'induit fixe annulaire portait 16 bobines alors que le rotor présentait 8 pôles saillants excités en courant continu. Les bobines étaient connectées entre elles de façon à obtenir deux phases électriquement séparées l'une de l'autre, dont les f.é.m. étaient décalées dans le temps de ¼ de période.

Les armatures d'induit utilisées dans les alternateurs jusqu'à la fin des années 80 étaient non feuilletées. Pour réduire l'échauffement des induits massifs dû à des pertes liées aux courants de Foucault on cherchait à diminuer le volume occupé par l'armature magnétique et on construisait certains alternateurs sans armature d'induit. Malgré la réluctance élevée du circuit magnétique et l'efficacité réduite consécutives, on construisait à cette époque-là des machines à courant alternatif assez grandes. C'est ainsi par exemple qu'en 1882 l'ingénieur anglais G. Gordon a construit un alternateur synchrone diphasé à phases électriquement séparées, destiné à alimenter des bougies électriques de Iablotchkov. Cet alternateur était entraîné par une machine à vapeur à une vitesse de 146 tr/mn et développait une puissance de 115 kW. La dernière période dans le développement des alternateurs est

Chapitre III : Calcul Pratique de l'Alternateur

liée au nom de M. O. Dolivo-Dobrowolski, inventeur du système triphasé, qui a élaboré tous les éléments principaux de ce système y compris les alternateurs synchrones triphasés.

Dolivo-Dobrowolski a proposé d'utiliser pour la production de courants triphasés l'enroulement en tambour de l'induit des machines à courant continu après l'avoir divisé au préalable en trois parties et couplé ces parties en triangle ou en étoile. C'est ainsi qu'a été trouvée une forme constructive de l'alternateur nécessaire à alimenter un système triphasé lié, avantageuse par la particularité d'exiger pour la transmission et la distribution de l'énergie non pas six conducteurs comme dans un système sans liaison électrique entre les phases mais seulement trois conducteurs. C'est aussi lui qui a élaboré en 1890 un système triphasé à quatre fils avec neutre pour lequel il a proposé d'utiliser la terre.

Le premier alternateur triphasé a été conçu par l'ingénieur en chef de la firme «Oerlikon» Ch. Brown en collaboration avec Dolivo-Dobrowolski, pour la transmission expérimentale entre Laufen et Francfort dont la mise en service devait coïncider avec l'ouverture de l'exposition électrotechnique internationale de 1891. Cet alternateur était entraîné par une turbine hydraulique et avait les caractéristiques techniques suivants : puissance : 230 kVA ; vitesse de rotation : 150 tr/mn ; fréquence : 40 Hz ; tension entre phases : 95 V. cet alternateur a été construit compte tenu de tous les progrès réalisés à cette époque-la dans la construction des machines à courant continu : son enroulement en tambour de l'induit était logé dans les encoches d'une armature feuilleté dentée. La disposition la plus rationnelle de l'enroulement triphasé au stator et de l'enroulement d'excitation au rotor, adoptée dans cet alternateur, est conservée dans toutes les machines synchrones modernes.

Chapitre III : Calcul Pratique de l'Alternateur

Au lieu du rotor à pôles saillants élaboré pour les alternateurs synchrones monophasés, Brown a utilisé un rotor de construction originale. L'enroulement d'excitation (commun à tous les pôles) avait la forme d'un anneau entourant l'arbre et était placé entre deux joues d'acier présentant des saillies en forme des griffes qui constituaient un inducteur hétéro-polaire. Cette forme constructive du rotor ne s'est pas justifiée par la suite et ne se rencontre à présent que dans des alternateurs synchrones spéciaux.

L'étude des machines synchrones à pôles lisses est liée à l'apparition de turbines à vapeur dont les vitesses de rotation et le rendement sont nettement plus élevés que les paramètres correspondants des machines à vapeur à piston. Les turbines à vapeur ont été utilisées pour entraîner des alternateurs triphasés pour la première fois en 1899. Cette année-là a été mise en service la centrale électrique dans la ville allemande Elberfeld qui était équipée de turbines à réaction à plusieurs étages inventées en 1884 par l'ingénieur anglais Ch. Parsons. Ces turbines entraînaient des turboalternateurs d'une puissance de 1000 kW. Primitivement, les rotors des turboalternateurs comportaient des pôles saillants et un enroulement d'excitation concentré, et ce n'est que dans la première décennie du XXe siècle que l'on a commencé à construire des turboalternateurs à rotor lisse et à enroulement d'excitation réparti.

3.3 Caractérisation d'une machine électrique [23]

Toute machine électrique est caractérisée par sa plaque signalétique ou « Carte d'identité » de la machine qui renferme les éléments d'information suivants :

- Marque et Numéro de série.
- Puissance : (Généralement la puissance utile nominale) P (W).
- Forme et Valeur du courant : (Alternatif ou continu)   I (A).
- Tension d'utilisation   U (V)

- Type de construction : définit par le milieu dans lequel la machine sera destinée à travailler (Ex. atmosphère explosive : mines),

Certaines caractéristiques spécifiques sont également mentionnées :
- Nombre de pôles : (Machines Tournantes)
- Vitesse de rotation : (Machine Tournantes)   n : (trs/mn)
- Fréquence (Machines à courant Alternatif)   f : (Hz).
- Facteur de puissance (Machines à courant Alternatif) $Cos\varphi$.
- Rapport de transformateur (Transformateur)   m : (%).

3.3.1 Degrés de protection des machines électriques [24]

Pour une protection du personnel contre les contacts avec des pièces tournantes ou sous tension et contre la pénétration des corps étrangers et la pénétration de l'eau. Il est nécessaire de définir le degré de protection qui sera symbolisé par les lettres IP, suivais de deux ou trois chiffres caractéristiques, tableau 3.1.

	Protection contre les solides		Protection contre les liquides		Protection mécanique
IP	Définition	IP	Définition	IP	Définition
0	Pas de protection	0	Pas de protection	0	Pas de protection
1	Protégée contre les corps solides supérieure à 50 mm	1	Protégée contre les chutes verticale des gouttes d'eau (condensation)	1	Energie de choc : 0.225j
2	Protégée contre les corps solides supérieure à 12 mm	2	Protégée contre les chutes des gouttes d'eau jusqu'à 15° de la verticale	2	Energie de choc : 0.375j
3	Protégée contre les corps solides supérieure à 2.5mm	3	Protégée contre les chutes des gouttes d'eau jusqu'à 60° de la verticale	3	Energie de choc : 0.5j
4	Protégée contre les corps solides supérieure à 1 mm	4	Protégée contre les projections d'eau de toutes les directions	4	Energie de choc : 2j
5	Protégée contre les poussières (pas de dépôt nuisible)	5	Protégée contre les jets d'eau des toutes les directions à la lance	5	Energie de choc : 0.6j

Chapitre III : Calcul Pratique de l'Alternateur

6	Totalement protégée contre les poussières ne concerne pas les machines tournantes	6	Protégée contre les projections d'eau assimilé aux paquet de mer	6	Energie de choc : 20j
7	.	7	Protégée contre les effets de l'immersion entre 0.1 et 1 m	7	.
8	.	8	Protégée contre les effets prolongés de l'immersion sous pression	8	.

Tab. III. 1 Indices de protection des enveloppes des matériels électriques, [24].

3.3.2 Les matériaux isolants [25]

Les pertes d'énergie électrique et mécanique dans les machines électriques se produisent par la transformation de ces formes d'énergie thermique, ce qui échauffe certaines parties de la machine. Pour assurer la fiabilité des machines électriques, l'échauffement des différentes parties de la machine doit être limité.

La tache la plus difficile et la plus importante sont d'assurer la bonne tenue de l'isolation des enroulements ; pour cette raison la charge admissible d'une machine est déterminée tout d'abord par la température admissible des isolants utilisés tableau 3.2.

La température admissible pour laquelle sont assurées la rigidité diélectrique, la résistance mécanique et la stabilité thermique de l'isolation (capacité de conserver ses propriétés sans modifications importantes pendent 15 à 30 années), dépend des classes des isolants utilisés, [20].

Classe	Temp. limite	Constitution
Y	90°C	Fibreux en cellulose et soie non imprégnés et non plongée dans un isolant liquide.
A	105° C	Fibreux en cellulose ou soie imprégnés, ou plongés dans un isolant liquide.
E	120° C	Pellicules organiques synthétiques
B	130° C	à base de mica et de fibre de verre utilisés avec des liants organiques.
F	155° C	à base de mica, et de fibre de verre combinés avec des liants et des compositions d'imprégnation synthétiques

| H | 180°C | à base de mica et de fibre de verre utilisés en combinaison avec les silicones. |
| C | Plus de 180°C | Le mica, les céramiques, le verre, quartz utilisé sans liants organiques |

Tab. III. 2 Classe des isolants, [20].

3.3.3 Types de refroidissement [24]

La commission électrotechnique international (CEI) a publié une recommandation intitulée ; mode de refroidissement des machines tournantes ; donne des symboles et des désignations abrégées qui peuvent être utilisées pour tous les modes d'usage courant tableau .3.3.

Code de ventilation	Caractéristique
IC 011	- machine ouverte auto ventilée. - ventilation montée sur l'arbre.
IC 0141	- machine fermée. - carcasse ventilée lisse ou à nervures. - ventilateur externe.
IC 0151	- machine fermée. - carcasse à tubes. - deux ventilateurs, un externe et un interne.
IC 161	-machine fermée auto ventilée. -deux ventilateurs, un externe et un interne. -échangeurs monté sur la machine
IC 37	- deux canalisations - machine ventilée par un groupe moto ventilateur, non monté sur la machine.
IC W37A71	-machine refroidie par air hydro réfrigérant sur la machine -circulation d'eau par pompe séparée ou par distribution

Tab. III. 3 Exemple de systèmes courants de ventilation, [24].

Quelques exemples du système complet décrivant deux circuits de refroidissement

- Le premier chiffre indique la disposition du circuit de refroidissement.
- La première lettre indique la nature du fluide primaire.
- Le deuxième chiffre indique le circuit de refroidissement primaire dans la machine.
- La deuxième lettre indique la nature de fluide secondaire.

Le troisième chiffre indique le circuit de refroidissement secondaire, qui est à la température la plus basse dans l'échangeur thermique

Chapitre III : Calcul Pratique de l'Alternateur

L'air et l'eau, les fluides de refroidissement les plus usuels, sont symbolisés respectivement par les lettres A et W. La lettre A est supprimée lorsque l'air est le seul fluide de refroidissement employé, tableau.3.4.

IC4 A1 A0 OU IC411	Machine fermée refroidie par sa surface. Pas de ventilateur externe. L'air à l'intérieur circule en circuit fermé sous l'effet de moyens propres à la machine et cède sa chaleur à travers la surface de la carcasse.
IC4 A1 A1 OU IC411	Machine fermée à carcasse ventilée. La ventilation externe est propres à la machine. L'air à l'intérieur circule en circuit fermé sous l'effet de moyens propres à la machine et cède sa chaleur à travers la surface de la carcasse.
IC5 A1 A1 OU IC511	Machine fermée avec échangeur de chaleur incorporé (exp: carcasse à tube) refroidi par air ambiant. Deux ventilateurs propres à la machine, l'un extérieur, l'autre intérieur, font circuler respectivement l'air ambiant de refroidissement et l'air chaud interne à travers l'échangeur.
IC4 A1 A6 OU IC416	Machine fermée à carcasse ventilée au moyen d'un système de ventilation indépendant monté sur la machine. L'air à l'intérieur circule en circuit fermé sous l'effet de moyens propres à la machine et cède sa chaleur à travers la surface de la carcasse.
IC3 A1 W7	Machine refroidie par air, avec hydroréfrigérant incorporé. La circulation de l'air chaud interne à travers l'échangeur est obtenue par une ventilation propre à la machine celle de l'eau par pompe ou par distribution.

Tab. III. 4 Exemple de systèmes courants de ventilation, [24].

3.3.4 Formes constructives pour les machines électriques [24]

Suivant la forme constructive, les symboles conventionnels des groupes sont indiqués dans le tableau 3.4, Exemple de systèmes courants de ventilation x V dans chacun des neuf group, les machines sont classées suivant le type de fixation mécanique (le deuxième et troisième chiffres de désignation), le nombre et le type de bout d'arbre sont désignes par le quatrième chiffre. La désignation du bout d'arbre est indiquée dans le tableau .3.5, tableau .3.4, exemple de systèmes courants de ventilation.

Symboles du groupe	Form constructive des Machines
IM1	Machines a pattes et paliers flaques.
IM2	Machines a pattes, à paliers flasques et bride sur un plier
IM3	Machines sans pattes, a paliers flasque et bride sur un plier.
IM4	Une machine sans pattes, a palier flasque et bride sur la carcasse.

Chapitre III : Calcul Pratique de l'Alternateur

IM5	Machines à paliers lisses.
IM6	Machines à paliers flasques et bâtis de palier.
IM7	Machines à bâtis de palier (sans palier flasque).
IM8	Machines à axe vertical non comprises dans les groupes de IM1 et IM4.
IM9	Machines à organes de fixation spéciaux

Tab. III. 5 Groupes courants de formes constructives pour machines électriques, [20].

Désignation	Type de machine
0	Sans bout d'arbre.
1	A un bout d'arbre cylindrique.
2	A deux bouts d'arbre cylindriques.
3	A un bout d'arbre conique.
4	A deux bouts d'arbre coniques.
5	A un bout d'arbre à bride.
6	A deux bouts d'arbre à brides.
7	A bout d'arbre à bride de coté entraînement et bout d'arbre cylindrique de coté opposé.
8	Tout les autre types de boutes d'arbre.

Tab. III. 6 Type de bout d'arbre, [20].

3.4 Classification des Machines électriques [23]

En général, les machines électriques peuvent être classées de différent manières selon :

- La puissance.
- La tension.
- La vitesse.
- La forme du courant.

3.4.1 Classification selon la puissance, [23].

- Micro-machines   P = quelques W.
- Machines de faible puissance   P : de 100 W à 10 KW.
- Machines de moyenne puissance   P : de 10 à 100 KW.
- Machines de grand puissance   P : de 100 à 1000 KW.

- Machines de très grand puissance   P > à 1 MW

3.4.2 Classification selon la tension, [23].
- Machines de très basse tension (T.B.T)   U < 48 V.
- Machines de basse moyenne tension (BT-MT) U : 220/380V à 30KV.
- Machines de haute tension (H.T)   U > à 30 KV.

Le tableau 3.7 montre la gamme des niveaux de tensions et de puissances pour les trois principaux type de machines qui sont les plus utilisées dans l'industrie et dans d'autres applications telles que l'électroménager. Les servomécanismes pour le contrôle, etc...

Légende :	M.C.C.			M.As			M.Syn				
Puissance	W			KW			MW			GW	
Tension (Volts)	10	100	1000	10	100	1000	10	100	1000	10	100	1000
1												
10												
100												
1000												
10000												
Applications	Jouets et Sys. De Contr.	Domestiques. T.V Frig		Industriel-les Usines.			Traction et Stations de Concassages. Laminoirs Etc…			Centrales de Production		

Tab. III. 7, la gamme des niveaux de tensions et de puissances [23]

Le tableau 3.8, présente une indication sommaire sur la plage des puissances utilisées pour les différentes catégories de moteurs

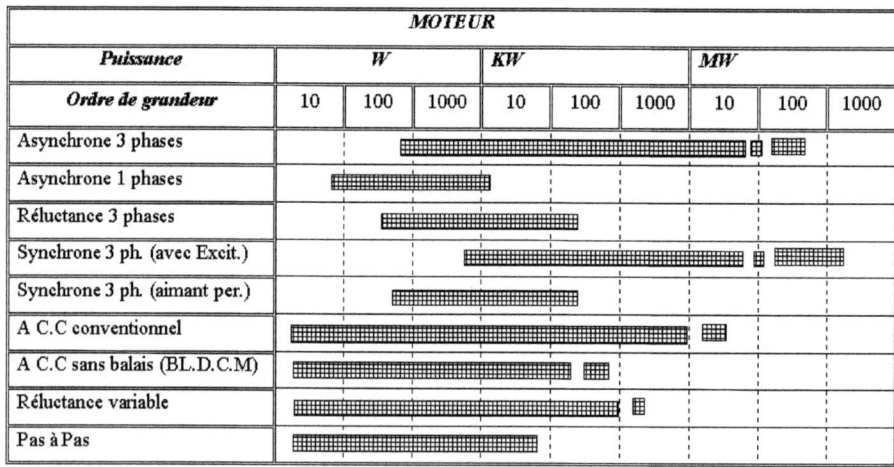

Tab. III. 8 Indication sommaire sur la plage des puissances, [23].

3.4.3 Classification selon la vitesse (Machines Tournantes). [23]

- Machines très lentes   n < à 100 trs/mn.
- Machines lentes   n : de 100 à 250 trs/mn.
- Machines de vitesse moyenne   n : de 250 à 1000 trs/mn.
- Machines rapides   n > à 3000 trs/mn.

N.B Les vitesses les plus faibles à l'heure actuelle sont de l'ordre de 14 trs/mn et les plus rapides pouvant aller jusqu'à : 50.000 ou 60.000 trs/mn, [23].

3.4.4 Classification selon la forme du courant [23].

1. Machines tournantes à courant continu (M.C.C) :

- Moteurs ou génératrices :
- A excitation séparée ou indépendante.
- A excitation shunt ou parallèle.
- A excitation série.
- A excitation compound ou composée.

Chapitre III : Calcul Pratique de l'Alternateur

2. Machines tournantes à courant alternatif (M.C.A), [23].
- Moteurs asynchrones (exceptionnellement en générateur).
- Moteurs synchrone ou Générateurs synchrones (Alternateur).
- Moteurs universels.
- Moteurs à répulsion ou à répulsion induction.
- Moteurs linéaires etc... .

3. Machines statiques :
- Transformateurs (tension ou de courant).
- Convertisseurs de l'électronique de puissance :
- Redresseur   :   (C.A   →   C.C).
- Onduleurs   :   (C.C   →   C.A).
- Hacheurs   :   (C.C fixe   →   C.C variable).
- Cycloconvertisseur: (C.A de fréquence f1   →   C.A de fréq. f2)

N.B Les convertisseurs statiques de l'électronique de puissance permettent l'adaptation ou la régulation des systèmes dont la forme de courant, la tension ou la fréquence sont différentes. Maintenant on les utilise aussi pour la régulation de vitesse des groupes tournants (Ex : Traction électrique, transport d'énergie en courant continu etc ...).

VARIATEURS DE VITESSE									
Puissance	W			KW			MW		
Ordre de grandeur	10	100	1000	10	100	1000	10	100	1000
Variateur de fréq. M.Asyn (R.CC).									
Variateur de Freq. M.Asyn (R.B).									
Variateur de Freq. M.Synchrone									
Machine Synchrone Autopiloté									
Hacheur - Machine à C.C.									
M. à C.C sans balais (BL.D.C.M).									
Machine à réluctance variable.									

Tab. III. 9, [23].

Chapitre III : Calcul Pratique de l'Alternateur

Le tableau .3.9, donne aussi une indiction sommaire sur la plage des puissances utilisées pour divers groupe de machines associées à des convertisseurs (Variateurs - Electroniques de vitesse).

- (R.CC) = Rotor en Court – circuit,
- (R.B) = Rotor Bobiné,
- (BL.DC.M) = Brushless – DC – Machine.
- (C.C) = Courant continu.
- (C.A) = Courant alternatif.

3.5 Calcul pratique de l'alternateur

Comme il a été déjà signalé dans les paragraphes précédents, d'après tous ce qui nous avons faire, on calculera d'une manière succinte l'alternateur.

3.5.1 Grandeurs nominales du turboalternateur :

Le turboalternateur est caractérisé par les paramètres suivants :

Puissance apparente : $P_s = 145000\,KW$

Facteur de puissance : $\cos\varphi = 0.8$

Tension aux bornes : $U = 11500\,V$ et $V = \dfrac{11500}{\sqrt{3}} = 6639.53\,V$

Courant nominal : $I = 7280\,A$

Fréquence : $f = 50\,Hz$

Vitesse de rotation : $n = 3000\,tr/\min$

Classe d'isolement : F

Nombre de pôles :

$$p = \frac{60 \cdot f}{n} = 1 \qquad (3.1)$$

Où

- f fréquence de la tension induite [Hz] ;
- p nombre de pôles du rotor ;

- n vitesse du rotor [r/min].

3.5.2 Dimensions principales de l'induit

❖ **Le diamètre d'alésage :**

Un turboalternateur bipolaire a, pour la puissance demandée, On peut déterminer le diamètre d'alésage à travers la figure 3.1, d'où le diamètre correspondant de cette machine à une puissance 116 MW vaut :

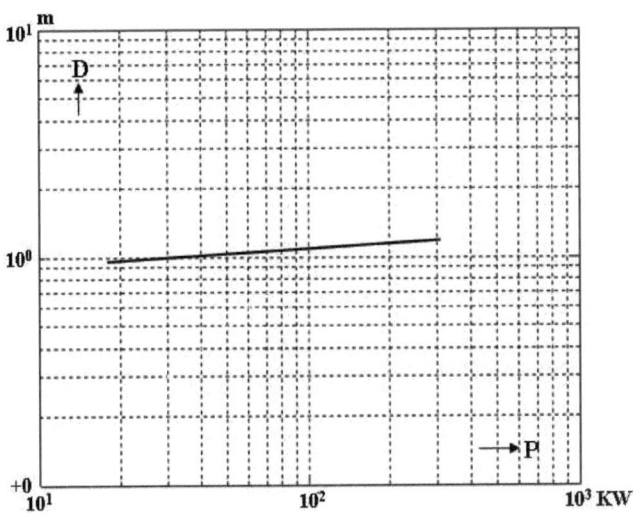

Fig. III. 1 Relation $D = f(p_s)$ à condition que $U = (10000 \div 12000)V$ et $2p = 2$

$$D = 1.13 m \qquad (3.2)$$

De raison de construction le diamètre d'alésage devient $D = 1.23 m$.

Remarque   *La figure 3.1 est réalisée par des valeurs qui sont indiquées dans l'annexe 1.*

- **Pas polaire :**

$$\tau_p = \frac{D\pi}{2p} = 1.93 m \qquad (3.3)$$

D'où

Chapitre III : Calcul Pratique de l'Alternateur

τ_p Pas polaire

- **Longueur virtuelle du stator :**

Selon la figure 3.2, la longueur de l'induit nécessaire est :

$$l_i = 3.3\, m \qquad (3.4)$$

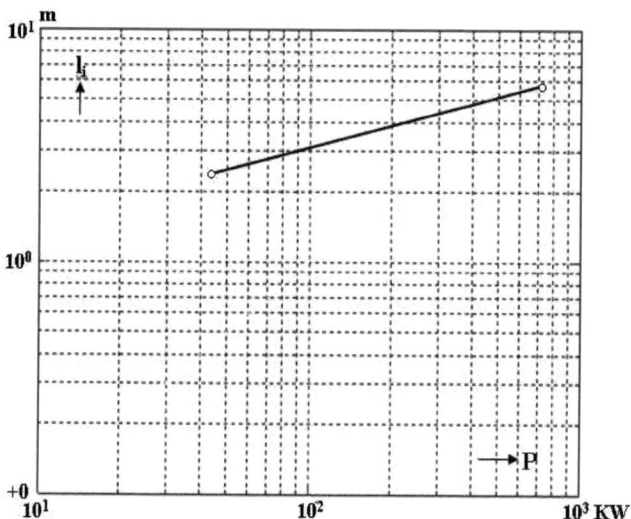

Fig. III. 2   Relation $l_i = f(p)$ à condition que $U = (10000 \div 12000)V$ et $2p = 2$

Dans une machine de cette longueur, la ventilation par les cotes frontales n'est plus suffisante. Pour y remédier, on pourvoit, au milieu du stator, à un afflux d'air frais extérieur. [8]

Remarque   *La figure 3.2 est réalisée par des valeurs qui sont indiquées dans l'annexe 1.*

- **Longueur du stator :**

Pour obtenir un refroidissement efficace de l'enroulement et du fer du stator, une subdivision du fer en paquets de tôles élémentaires d'environ 100 mm de largeur est suffisante. La largeur du paquet du tôles est variable sur la

Chapitre III : Calcul Pratique de l'Alternateur

longueur de la machines : elle va en augmentant vers les cotés frontaux du stator. On prend pour la longueur du stator [8].

$$l_a = l_{Fe_1} + n_{vt1} b_{vt} = 3.34 m \qquad (3.5)$$

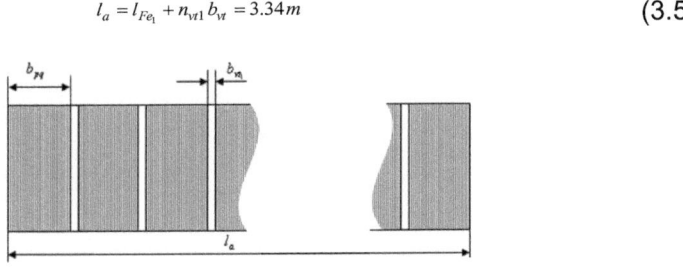

Fig. III. 3 Schéma de ventilation

D'où :

- l_a longueur (profondeur) du noyau polaire ;
- n_{vt_1} nombre de canaux de ventilation vaut 26 ;
- b_{vt_1} largeur d'un canal de ventilation vaut 0.15 mm ;
- b_{pq} largeur de paquet ;
- l_{Fe_1} longueur d'empilage sans les canaux de ventilation vaut 2.94 m.

- **Longueur du rotor :**

Pour le rotor, la moitié de la section des canaux est suffisante pour le passage de l'air. La longueur du rotor est donc prise égale à :

$$l_p = l_{Fe_2} + n_{vt_2} b_{vt_2} = 3.34 m \qquad (3.6)$$

D'où :

- l_p longueur du rotor d'un alternateur ;
- l_{Fe_2} longueur d'empilage sans les canaux de ventilation vaut 3.14 m ;
- n_{vt_2} nombre de canaux de ventilation du rotor vaut 20 ;
- b_{vt_2} largeur d'un canal de ventilation du rotor vaut 0.1m.

Chapitre III : Calcul Pratique de l'Alternateur

- **Longueur virtuelle de l'induit :**

La perte de longueur par canal de ventilation est, pour le stator : $b'_{vt_1} = 0.98\,mm$, Pour le rotor : $b'_{vt_2} = 0.43\,mm$ [8] ; ainsi la longueur virtuelle d'induit, donnée par l'équation suivant :

$$l_i = l_a - \left(n_{vt_1} b'_{vt_1} + n_{vt_2} b'_{vt_2}\right) = 3.3\,m \tag{3.7}$$

D'où :
- b'_{vt_1} perte de longueur l_a due à un canal de ventilation du stator ;
- b'_{vt_2} perte de longueur l_a due à un canal de ventilation du rotor.

3.5.3 Enroulement du stator :

❖ **Densité linéaire (la charge linéaire) du stator A_i,** [5].

On a le tableau suivant :

P_n, M W	100	200	300	500	800
A_i, K A/m	110	135	150	175	200

Fig. III. 4 Désigne la charge linéaire A_1 dans les turboalternateurs à refroidissement direct, [5].

La fonction qui correspond le tableau ci-dessus comme suivant :

$$A_i \approx -0.0001 \cdot P^2 + 0.2365 \cdot P + 89.6853 \tag{3.8}$$

Et aussi la courbe comme suivant:

Chapitre III : Calcul Pratique de l'Alternateur

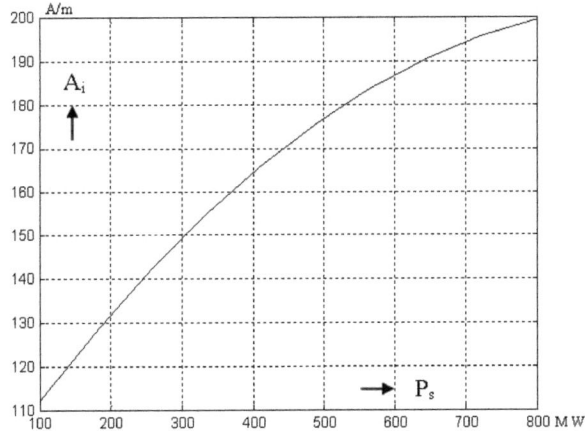

Fig. III. 5 Courbe de la puissance en fonction de charge linéaire

Donc pour la puissance vaut P_n = 116 MW c'est correspondant à A_i = 116 K A/m

D'où :

- A_i Densité linéaire de courant du stator.

Remarque   La figure 3.4 et l'équation 3.8 sont réalisées par le tableau 3.10 qui s'indiqué dans l'annexe 2.

- **Arc polaire virtuel**

La valeur de l'arc polaire virtuel $bi = \alpha_i \tau_p$ dépend principalement ici du rapport de la partie non bobinée b_p par pas polaire au pas polaire lui-même τ_p la figure 3.6 donne les valeurs de α_i en fonction de $\dfrac{b_p}{\tau_p}$ tirées des courbes d'induction relevées à l'oscillographe. Le rapport de l'arc polaire au pas polaire est admis égal à $\dfrac{b_p}{\tau_p} = 0.33$.

D'où :

$$b_p = 0..64\ m$$

Et Selon la figure 3.6 On a : $\alpha_i = 0.667$, d'où l'arc polaire virtuel :

$$bi = \alpha_i \tau_p = 1.29 m \qquad (3.9)$$

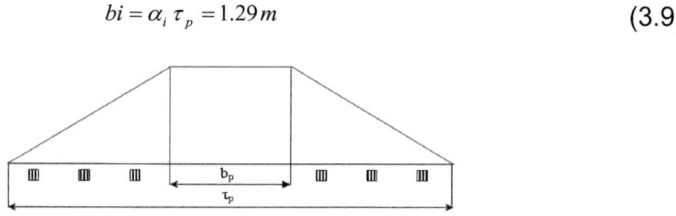

Fig. III. 6 Courbe de la F.M.M. de la machine synchrone à pôles noyés, [7].

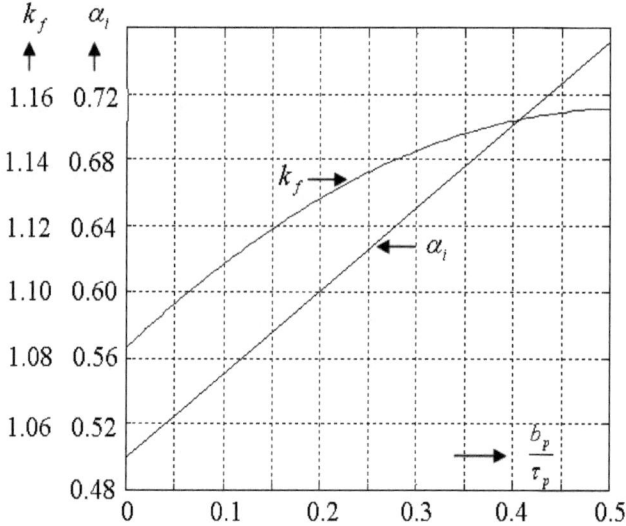

Fig. III. 7 $\alpha_i = f\left(\dfrac{b_p}{\tau_p}\right)$ et $k_f = \left(\dfrac{b_p}{\tau_p}\right)$ pour machines synchrones à pôles noyés, [7].

D'où :
- b_p largeur non bobinée des pôles de machines à pôles noyés, largeur d'un épanouissement polaire ;
- b_i arc polaire virtuel ;
- α_i le rapport de l'arc polaire au pas polaire.
- ***Induction maximale dans l'entrefer :***

Chapitre III : Calcul Pratique de l'Alternateur

En prenant pour l'induction maximale dans l'entrefer, selon la figure 3.7 ci-dessus.

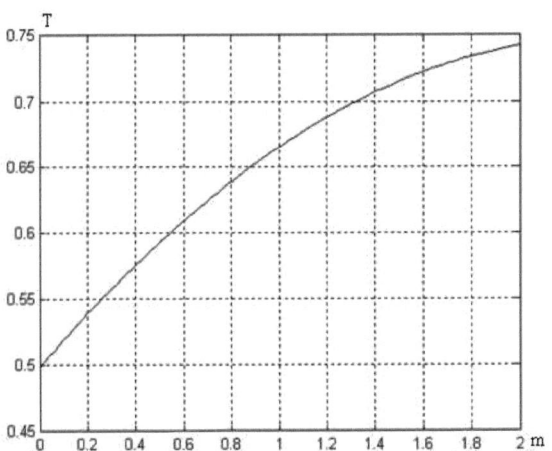

Fig. III. 8 Induction maximale $\hat{B}_\delta$ dans l'entrefer de machines synchrones, triphasées, bipolaires, à pole lisses, en fonction du pas polaire, [8].

$$\hat{B}_\delta = 0.75T \quad (3.10)$$

D'où :

- $\hat{B}_\delta$ induction sur l'axe polaire dans l'entrefer.
  - **Flux maximal dans l'entrefer**

$$\hat{\phi} = b_i \cdot l_i \cdot \hat{B}_\delta = 3.19 Wb \quad (3.18)$$

D'où :

- $\hat{\phi}$: flux maximal par pole.
  - **Nombre des spires par encoche :** [10]

Nombre de conducteur par l'encoche est donné par la relation suivant :

$$N_{i_e} = \frac{\pi \cdot a \cdot D \cdot A_l}{z_1 \cdot I_{nph}} = 1.05 \approx 1 \quad (3.12)$$

Chapitre III : Calcul Pratique de l'Alternateur

- *Facteur de la distribution*

$$^1k_{d1} = \frac{\sin 30}{q \cdot \sin {30}/{q}} = 0.955 \qquad (3.13)$$

- *Facteur du raccourcissement*

$$^1k_{p_1} = \sin v \frac{c}{\tau_p} \frac{\pi}{2} = 1 \qquad (3.14)$$

D'où

- c ouverture de l'enroulement.

3.5.3.8 Facteur de l'enroulement

$$k_w = {}^1k_{p_1} \cdot {}^1k_{d_1} = 0.955 \qquad (3.15)$$

3.5.3.9 Facteur de forme de la courbe d'induction :

A partir de la figure 3.6 on a relevé le facteur de forme k_f :

$$\alpha_i = 0.667 \Rightarrow k_f = 1.15 \qquad (3.16)$$

D'où :

$$\alpha_i = \frac{B_{\delta eff}}{B_{\delta max}} < 1$$

Pour un champ sinusoïdale $\alpha_i = \frac{2}{\pi}$, mais dans le cas général la courbe d'induction n'est pas sinusoïdale du fait de la saturation dans le fer. L'augmentation de la saturation engendre une augmentation de coefficient d'aplatissement α_i qui devient supérieur à $\frac{2}{\pi}$.

D'où :

- k_f facteur de forme de la courbe d'induction ;
- α_i coefficient d'aplatissement de la courbe.
- **Nombre des spires en série par phase :**

Chapitre III : Calcul Pratique de l'Alternateur

On obtient dès lors le nombre de spires d'une phase connectées en série N_1, donné par l'équation suivant

$$N_1 = \frac{E_1}{4 \cdot k_f \cdot f \cdot k_w \cdot \hat{\phi}} = 10.4 \qquad (3.17)$$

L'enroulement est réalisable avec

$$N_1 = 9 \ spires/ph$$

Remarque   Le nombre de des spires en série par phase est déduit par la figure comme l'indiquée dans la figure 2.9.

- **Correction de l'induction dans l'entrefer**

Pour le nombre de spires choisi $N_1 = 9$, on obtient pour l'induction maximale dans l'entrefer :

$$\hat{B}_\delta = \frac{10.4}{9} \cdot 0.75 = 0.87 \ T \qquad (3.18)$$

- **Correction du flux**

Pour le nombre de spires choisi $N_1 = 9$, on obtient pour le flux :

$$\hat{\phi} = \frac{10.4}{9} \cdot 3.19 = 3.69 \ Wb \qquad (3.19)$$

- **Nombre d'encoche statorique.** [8]

$$Z_1 = \frac{A_i \cdot D \cdot \pi}{I_1} = 56 \qquad (3.20)$$

Remarque   Le nombre d'encoches statorique vaut 54 encoches est déduit par la figure comme l'indiquée dans la figure 2.9.

- **Nombre d'encoche par pole et par phase**

$$q_1 = \frac{z_1}{m 2 p} = 9 \ encoches \qquad (3.21)$$

- **Pas polaire en unité d'encoche**

$$\tau_p = \frac{z_i}{2p} = 27\, encoches \qquad (3.22)$$

- **Pas de raccourcissement**

$$\frac{c}{\tau_p} \approx 1 \qquad (3.23)$$

D'où le pas de raccourcissement est dépend le facteur de raccourcissement vaut $^1k_{p_1} = 1$ selon le tableau suivant :

$\dfrac{c}{\tau_p}$	^1k_p
180/180 = 1	1

Tab. III. 10 Facteur de raccourcissement, [7].

- **Illustration de L'enroulement**

D'après l'obtention les paramétriques de l'enroulement de la machine à étudier donc on va concevoir l'enroulement avec la méthode technologique industrielle (manuelle) de placement de l'enroulement [9]

Les données :

$z_i = 54\, encoches$, $2p = 2$, $m = 3$, $q_1 = \dfrac{z_1}{m2p} = 9\, encoches$, $\tau_p = \dfrac{z_i}{2p} = 27\, encoches$,

Pour concevoir l'enroulement il faut obligatoirement se référer l'étoile des phases. [9]

Chapitre III : Calcul Pratique de l'Alternateur

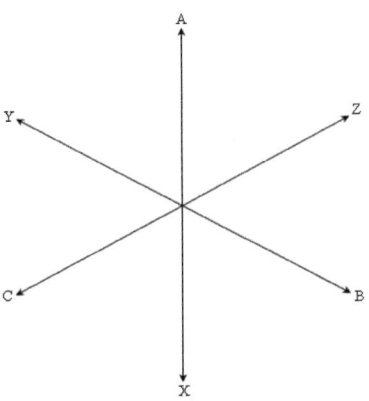

Fig. III. 9 L'étoile des phases, [9].

Donc à l'aide de la figure 3.8, on a fait un enroulement à une couche par pole conséquent :[9]

Ce l'enroulement possède un pas diamétral c'est-à-dire $c = \tau_p$

Le groupe est constitué de bobines identiques, chaque groupe de bobine dans une phase crée une paire de pôles.

Donc le placement comme suit :

a)

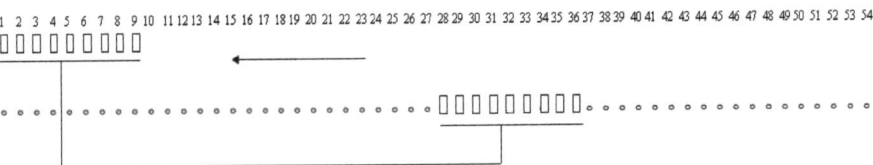

b)

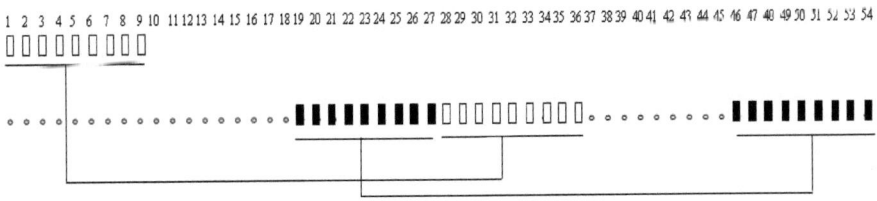

c)

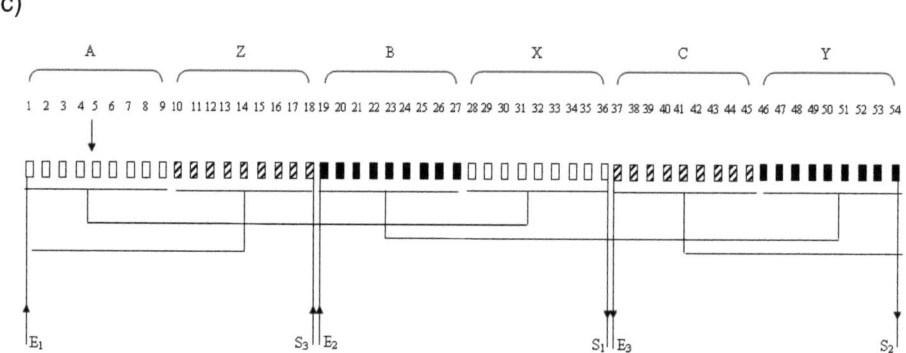

Fig. III. 10 L'enroulement statorique

- **Le pas dentaire du stator**

$$\tau_{z_1} = \frac{\pi \cdot D}{Z_1} = 71\,mm \qquad (3.24)$$

- **Largeur minimale de la dent du stator**

Si, au point le plus étroit de la section de la dent (à la tête de celle-ci) on choisit l'induction maximale apparente égale à $\hat{B}'_{z_{1i}} = 1.8T$, [8] la longueur minimale de la dent vaut :

$$z_{l_i} = \frac{l_i}{k_F \cdot l_{F_{e_1}}} \cdot \tau_{z_1} \cdot \frac{\hat{B}_\delta}{\hat{B}'_{z_{1i}}} = 43\,mm \qquad (3.25)$$

Avec

$$k_F = 0.9 \qquad (3.26)$$

D'où

- z_{l_i} largeur de la dent du stator ;
- τ_{z_1} pas dentaire du stator ;
- k_F facteur de remplissage.

- **Largeur de l'encoche du stator**

Chapitre III : Calcul Pratique de l'Alternateur

$$b_{z_1} = \tau_{z_1} - z_{l_1} = 28\ mm \qquad (3.27)$$

- **Densité de courant du stator**

Pour le stator, on choisit un enroulement à une barre. En raison des pertes, chaque conducteur élémentaire de cette barre (Figure 3.12) est tressé autour de son axe, en sorte qu'il travers l'encoche dans toutes les positions. On y parvient en disposant un nombre relativement élevé de méplats en coches superposées, qui, dans une moitié de l'encoche, sont mis en haut, tandis qu'on les met en bas dans l'autres moitié. Les conducteurs élémentaires doivent parcourir des hélices entières sur la longueur du stator. Pour l'isolation, on sépare la moitié droit de la moitié gauche de l'encoche par une feuille de mica de 0.5 mm. En raison des irrégularités, avec l'épaisseur de la gain qui correspond de la tension 11500 V vaut 4 mm selon la figure 3.10, et l'épaisseur pour l'isolation des conducteurs selon la figure 3.11 vaut 0.8 mm on doit prévoir, dans le sens de la hauteur de l'encoche, un jeu de 2 % de la hauteur totale de la barre et, dans le sens de la largeur, un jeu de 0.3 mm environ. Dans le cas traité, on choisit 40 de (9.9 * 7.7) mm, les uns sous les autres, correspondant à une densité de courant :

$$j_i = \frac{I_i}{S_{co_i}} = \frac{7280}{3050 \cdot 10^{-6}} = 2.39 \cdot 10^6\ A/m^2 \qquad (3.28)$$

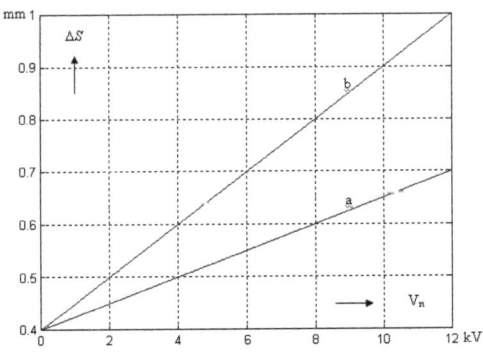

Fig. III. 11 Augmentation d'épaisseur pour l'isolation des conducteurs d'enroulement statorique de machines à courants alternatifs en fonction de la tension nominale.[7]

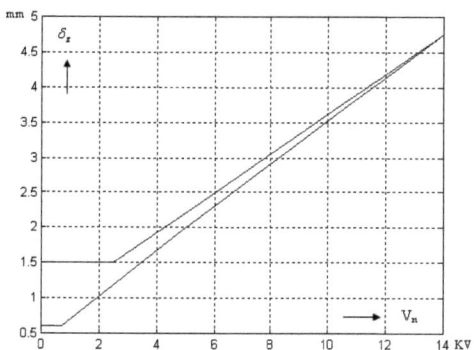

Fig. III. 12 Epaisseur de gaine pour l'enroulement statorique de machines à courants alternatifs en fonction de la tension nominale.[7]

- *Largeur de l'encoche du stator*

L'épaisseur de la gaine est choisie, relativement à la tension nominale de 11500/ 3 V, égal à 4 mm avec un jeu (du à la construction) de 0.7 mm pour les parties entre gaine et encoche, on a remplissage suivant de l'encoche figure 3.12) [8]

Conducteurs	(2*7.7)	=15.4	mm
Intercalaire de micartite		= 0.5	mm
Jeu pour le montage		= 0.3	mm
Gaine	2*4.0	= 8.0	mm
Jeu entre gaine et encoche		= 1.4	mm
Bitume entre les conducteurs	1*0.4	= 0.4	mm
Bitume entre les conducteurs et la gaine	2*1.0	= 2.0	mm
	b_{z_1}	= 28	mm

- *Profondeur de l'encoche*

Chapitre III : Calcul Pratique de l'Alternateur

Conducteurs	20*9.9	= 198	mm
Gaine	2*4.0	= 8.0	mm
Jeu	2*0.6	= 1.2	mm
Bitume entre les conducteurs	20*0.2	= 4	mm
Bitume entre les conducteurs et la gaine	2*(2*1.0)	= 4	mm
	h_{z_1}	=215.2 mm	

Profondeur choisie de l'encoche = 215 mm.

D'où :

Le type d'encoche choisi est le type ouvert ; la hauteur de la clavette est de 6 mm et celle du pont, de 30 mm [8]

Donc on a indiqué l'encoche et avec leurs dimensions qui étaient calculées :

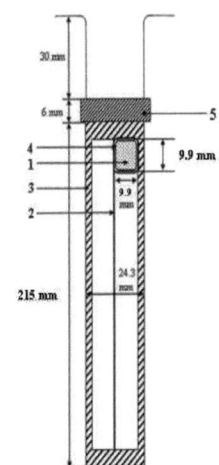

1. Conducteur élémentaire
2. Intercalaire de micartite
3. Gaine
4. Bitume entre les conducteurs et la gaine
5. Clavette de fermeture de l'encoche

Fig. III. 13 encoches du stator

- **Hauteur des barres du stator**

$$h_{ba} = 198 mm \qquad (3.29)$$

- **Longueur moyenne du conducteur**

La longueur moyenne du conducteur, vaut :

Chapitre III : Calcul Pratique de l'Alternateur

$$l_{co_1} = l_a + 2 \cdot 10^{-5} \cdot V_{ci} + 1.8 \cdot c + l_r = 7.84 \, m \tag{3.30}$$

$$c = b_a \cdot \tau_p = 1.93 \, m$$

D'où :

- l_a désigne la longueur du stator ;
- V_{1_c} la tension (composée) du stator ;
- c la largeur moyenne de la bobine mesurée sur l'alésage ;
- l_r une longueur donnée par le tableau suivant ;
- b_a Pas relatif vaut 1.

Nombre de pair de pôles	Type d'enroulement	Longueur l_r en m		renforcement	
			aucun	léger	Robuste
1	Enroulement à fil et à touche				0.5
	Enroulement à barre ou à pas partie I				0.8
≥ 2	Enroulement à fil et à touche		0.05	0.10	0.8
	Enroulement à barre ou à pas partie I		0.2	0.40	0.40

Tab. III. 11 [8]

- **Longueur totale de l'enroulement d'induit :**

$$l_{co_{tot_1}} = z_1 \cdot l_{co_1} = 423 \, m \tag{3.31}$$

- **Résistance d'induit par phase à 75° C**

$$R_1 = \frac{\rho_\theta \cdot l_{co_{tot_1}}}{m \cdot S_{co_1}} = 0.001 \, \Omega \tag{3.32}$$

- m nombre de phase ;
- ρ_θ résistivité à la température θ vaut 0.0216 10^{-6} Ω/m.

Remarque La résistance de la machine à étudier vaut 0.00095 Ω voire paragraphe (§ 2.3.4.6.)

Chapitre III : Calcul Pratique de l'Alternateur

- *Pertes joule simple de l'enroulement*

$$p_{\rho_1} = m \cdot R_1 \cdot I_1^2 = 151.04 \, kW \tag{3.33}$$

3.5.4 Diamètre extérieur de l'induit
- **Induction dans la culasse statorique**

La valeur suivant de l'induction dans la culasse statorique de machines à pôles noyés est donnée à condition que f = 50 Hz, et $\cos\varphi = 0.7$, lorsque $\cos\varphi = 1$, par exemple, la valeur indiqué peut être dépassée d'environ 10 %. La valeur ça se rapportent à la marche à vide sous la tension nominale.

Donc la valeur qui est choisit comme suivant :

$$B_{j_1} = 1.2 \, T \tag{3.34}$$

Remarque   *La valeur de l'induction de la culasse statorique est choisit suivant la grandeur normalisée comme l'indiquée dans l'annexe 4.*

- **Hauteur de la culasse statorique**

La hauteur nécessaire de la culasse devient :

$$h_{j_1} = \frac{\hat{\phi}}{2 \cdot k_F \cdot l_{Fe_1} \cdot \hat{B}_{j_1}} = 0.58 \, m \tag{3.35}$$

D'où :
- k_F : facteur de remplissage, compte tenu du foisonnement.

- **Diamètre extérieur de l'induit De:**

Donc d'après le calcul de dimension concernant l'encoche et la hauteur de culasse donc le diamètre d'extérieur qui doit comme suivant :

$$D_e = 2 \cdot (h_\tau + h_{j_1}) + D = 2.89 \, m \tag{3.36}$$

- **Entrefer**

Dans les turboalternateurs bipolaires, on obtient, en charge, une distorsion du champ encore acceptable si l'on prend un entrefer correspondant à :

Chapitre III : Calcul Pratique de l'Alternateur

$$\delta = 2.5 \cdot 10^{-7} \cdot \frac{A_i}{\hat{B}_\delta} \cdot \tau_p = 0.064\,m \tag{3.37}$$

Cette valeur est acceptable par rapport à la valeur de la machine à étudier voire la figure 3.13

Donc on prend la valeur de cette figure δ =0.0525m

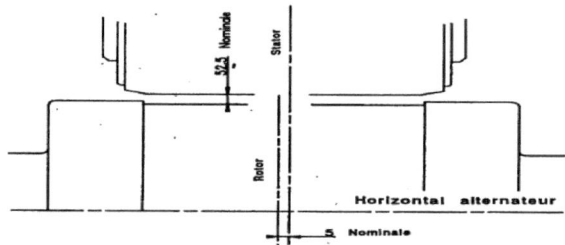

Fig. III. 14 Vue horizontale de l'alternateur [1]

Remarque   *La figure 3.13 est copiée de la fiche technique de l'alternateur conçue*

3.5.5 Dimensions principales du rotor

- **Nombre d'encoche rotorique**

Choisissions un pas dentaire égal à 1/36 de la circonférence du rotor. Conformément au rapport choisi $\frac{b_p}{\tau_p} = 0.33$ on doit avoir 12 encoches ; les pas dentaire restants forment deux dents larges, une par pole.

$$Z_2 = 12\,encoches \tag{3.38}$$

- **Induction dans la culasse rotorique**

La valeur de l'induction dans la culasse rotorique de machines à pôles noyés est prend de valeur de 1 à 1.5 T. [8]

Mais dans certaines circonstances l'induction dans la culasse doit encore dépasser la valeur de 1.5 T indiquée. [8]

Donc on prend de 2 T de raison constructive

Chapitre III : Calcul Pratique de l'Alternateur

$$B_{j_2} = 2T \qquad (3.39)$$

- **Hauteur de la culasse du rotor**

$$h_{j_2} = \frac{\hat{\phi}}{2 \cdot l_{Fe_2} \cdot \hat{B}_{j_2}} = 0.27 m \qquad (3.40)$$

- **Profondeur d'encoche rotorique**

La profondeur de l'encoche peut être prise, selon la figure 3.14.

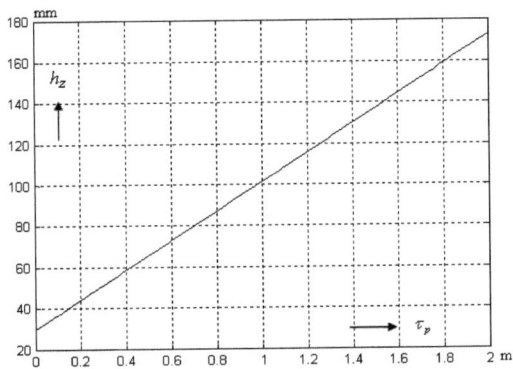

Fig. III. 15 Profondeur d'encoche du rotor lisse de machins synchrones, bipolaires, en fonction du pas polaire [8]

$$h_{z_2} = 165 mm \qquad (3.41)$$

Avec le type d'encoche choisi est le type ouvert ; la hauteur de la clavette est de $h_{cl} = 35 mm$,

❖ **Pas dentaire du rotor**

Le pas dentaire à l'alésage et au pied de l'encoche est respectivement :

$$\tau_{z_2} = \frac{\pi \cdot (D - 2\delta) - 2 \cdot b_p}{Z_2} = 188 \, mm \qquad (3.42)$$

Où $N_2 = 12$

Chapitre III : Calcul Pratique de l'Alternateur

$$\tau_{z_{2p}} = \frac{\pi[D - 2(\delta + h_{z_2})] - 2 \cdot b_{p_p}}{Z_2} = 133\,mm \quad (3.43)$$

D'où.

$$b_{p_p} = \frac{(D_{ea} - 2h_{z_2}) \cdot b_p}{D_i} = 452\,mm \quad (3.44)$$

- b_{p_p} largeur non bobinée au pied des pôles de machines à pôles noyés.

❖ **Largeur minimale de la dent du rotor (dans la partie bobiné)**

Si, au point le plus étroit de la section de la dent (à la tête de celle-ci) dans la partie bobiné on choisit l'induction maximale apparente égale à $\hat{B}'_{z_{2t}} = 2.4T$, (v. A 7) la longueur minimale de la dent vaut :

$$z_{t_2} = \frac{l_i}{k_F \cdot l_{F_{e_2}}} \cdot \tau_{z_2} \cdot \frac{\hat{B}_\delta}{\hat{B}'_{z_{2t}}} = 71\,mm \quad (3.45)$$

Avec $k_F = 1$ (rotor massif)

D'où

- z_{t_2} largeur de la dent du rotor ;
- τ_{z_2} pas dentaire du rotor ;
- k_F facteur de remplissage.

❖ **Largeur de l'encoche du rotor**

$$b_{z_2} = \tau_{z_2} - z_{t_2} = 117\,mm \quad (3.46)$$

❖ **Largeur du pied de la dent rotorique**

On choisi pour la largeur de l'encoche rotorique à la pied vaut $b_{z_{2p}} = 62\,mm$

$$z_{2_p} = \tau_{z_{2p}} - b_{z_{2p}} = 71\,mm \quad (3.47)$$

❖ **Induction maximale apparente dans les dents**

On obtient l'induction réelle dans les dents

Chapitre III : Calcul Pratique de l'Alternateur

$$B'_{z_{2_p}} = \frac{l_i}{k_F \cdot l_{F_{e_2}}} \cdot \frac{\tau_{z_2}}{z_{2_p}} \cdot \hat{B}_\delta = 2.39 T \quad (3.48)$$

Tel que le rotor est massif (C.C), le coefficient de remplissage du fer vaut ici 1.

* **Induction réelle dans les dents**

Lorsque la saturation de la dent est supérieure à 1.8 T, le calcul basé sur l'équation précédent (3.48) donne une chute de potentiel magnétique trop grande, étant donné que seule une partie du flux $\hat{\phi}_\tau$ traverse la dent ; l'induction $\hat{B}_{z_{2_p}}$ dans celle-ci est alors plus petite que celle qui résulte de l'équation.

Pour déterminer l'induction effective $\hat{B}_{z_{2_p}}$ dans la dent, on subdivise le flux $\hat{\phi}_\tau$ en deux parties :

$$\hat{\phi}_\tau = \hat{\phi}_z + \hat{\phi}_Z \quad (3.49)$$

Le flux $\hat{\phi}_z$ passe par la dent et le flux $\hat{\phi}_Z$ par l'encoche, si on introduit le facteur :

$$k_{z_2} = \frac{S_Z}{S_{z_p}} = \frac{\tau_{z_{2_p}} - k_F \cdot z_{2_p}}{k_F \cdot z_{2_p}} = 0.85 \quad (3.50)$$

Qui exprime le rapport de la section d'air (espace privé de fer) S_{z_2} à la section du pied de la dent $S_{z_{2_p}}$:

$$\hat{B}'_{z_{2_p}} = \hat{B}_{z_{2_p}} + k_{z_2} \cdot \hat{B}_z \quad (3.51)$$

$\hat{B}'_{z_{2_p}}$ a la valeur donnée par l'équation (3.48), et représenter ici une induction apparente dans la dent ; $\hat{B}_{z_{2_p}}$ est induction réelle dans la dent :

$$\hat{B}_{z_{2_p}} = \hat{B}'_{z_{2_p}} - k_{z_2} \cdot \hat{B}_z \quad (3.51a)$$

$\hat{B}_z$ étant une induction dans l'espace privé de fer, on a par conséquent : $\hat{B}_z = \mu_0 \cdot \hat{H}$. De cette relation et de l'équation (3.51 a) ; on tire :

Chapitre III : Calcul Pratique de l'Alternateur

$$\hat{B}_{z_{2_p}} = \hat{B}'_{z_{2_p}} - \mu_0 \cdot k_{z_2} \cdot \hat{H}_{z_2} = 2.32\, T \qquad (3.51)$$

D'où l'intensité du champ dans l'espace privé de fer à partir de la courbe d'aimantation Figure 3.16 vaut 170000 A/m
D'où :

- $\hat{H}_{z_2}$ valeur crête du champ magnétique dans la dent rotorique.

❖ **Largeur réelle du pied de la dent rotorique**

On va maintenant calculer la largeur du pied de la dent avec l'induction réelle vaut $\hat{B}_{z_{2_p}} = 2.22\, T$:

$$z_{2_p} = \frac{l_i}{k_F \cdot l_{F_{e_2}}} \cdot \tau_{l_2} \cdot \frac{\hat{B}_\delta}{\hat{B}_{z_{2_p}}} = 77\, mm \qquad (3.52)$$

❖ **Largeur réelle du pied de l'encoche rotorique**

$$b_{z_{2_p}} = \tau_{z_{2_p}} - z_{2_p} = 56\, mm \qquad (3.53)$$

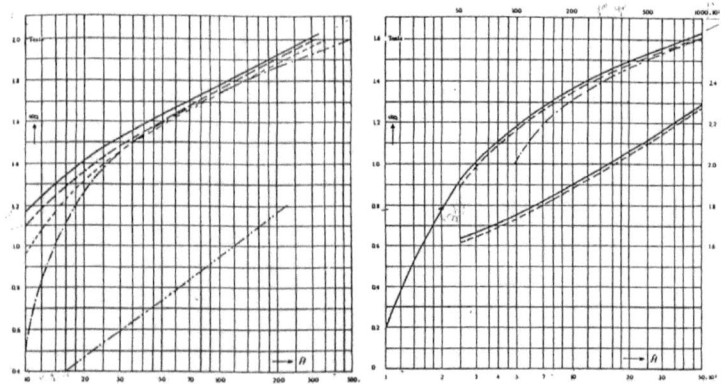

Figure 3.24 [7]   Figure 3.25 [7]

——— Fer homogène ;
- - - - Acier Siemens Marin ;
— · — Acier au chrome nickel ;
— · · — Acier coulé
· · — Fonte.

Pour les inductions B > 2.15 T
$B = 2.27 + 2.28 \cdot H \cdot 10^{-6}$.

Courbes d'aimantation pour tôles de fer :
Tôles de dynamo ——— $3.6 \leq P'_{Fe} = 3.0\, W/kg$
— — $2.3 \leq P'_{Fe} = 1.5\, W/kg$
Tôles d'acier — · —

Pour les inductions B > 2.15 T :
$B = 1.855 + 6.41 \cdot H \cdot 10^{-6}$

Chapitre III : Calcul Pratique de l'Alternateur

Remarque *On voit que les figures ses valeurs des inductions en fonction de l'intensité sont limitées donc pour avoir des valeurs de l'intensité pour B > 2.15 T on applique les équations ci-dessus.*

3.5.6 Courbe caractéristique de la machine à vide

❖ **Chute de potentielle magnétique dans l'entrefer :**

Pour les dents larges (voir la figure 3.15), le facteur de carter est calculé comme pour une machine à pole saillants privés d'encoches. A partir de l'équation suivant on obtient :

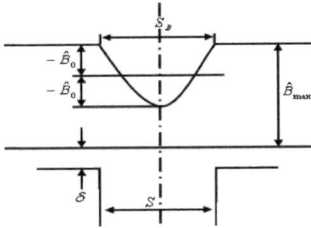

Fig. III. 16 Variation de l'induction en regard de l'encoche, [7].

$$\gamma_{B1} = \frac{\left(\frac{s_1}{\delta}\right)^2}{5 + \left(\frac{s_1}{\delta}\right)} = 0.051 \quad (3.54)$$

D'Où :

$$k_{c_1} = \frac{\tau_{z_1}}{\tau_{z_1} - \delta \cdot \gamma_{B_1}} = 0.96 \quad (3.55)$$

Pour les dents étroites, le facteur de carter est calculé comme pour une machine dotée d'encoches dans le stator et le rotor. Pour le stator, on a, comme pour les dents larges, $k_{c_1} = 0.96$, et pour le rotor :

$$\gamma_{B_2} = \frac{\left(\frac{s_2}{\delta}\right)^2}{5 + \left(\frac{s_2}{\delta}\right)} = 0.68 \quad (3.56)$$

Chapitre III : Calcul Pratique de l'Alternateur

$$k_{c_2} = \frac{\tau_{z_2}}{\tau_{z_2} - \delta \cdot \gamma_{B_2}} = 1.23 \qquad (3.57)$$

Le facteur de carter des dents étroites devient par conséquent :

$$k_c = \frac{\hat{B}_{max}}{\hat{B}_{méd}} = k_{c_2} \cdot k_{c_1} = 1.18 \qquad (3.58)$$

La tension de l'entrefer pour les dents larges est :

$$2\hat{U}_\delta = 2 \cdot \frac{1}{\mu_0} \cdot k_{c_1} \cdot \delta \cdot \hat{B}_\delta = 8.025 \cdot 10^4 \cdot \hat{B}_\delta \qquad (3.59)$$

La tension de l'entrefer pour les dents étroites est :

$$2\hat{U}_\delta = 2 \cdot \frac{1}{\mu_0} \cdot k_c \cdot \delta \cdot \hat{B}_\delta = 9.86 \cdot 10^4 \cdot \hat{B}_\delta \qquad (3.60)$$

D'où :

- k_c facteur de Carter ;
- s_1 l'ouverture de l'encoche statorique ;
- s_2 l'ouverture de l'encoche rotorique ;
- $\hat{B}_{max}$ l'induction dans l'entrefer en regard du milieu de la dent ;
- $\hat{B}_{méd}$ l'induction moyenne dans l'entrefer au dessus d'un pas dentaire d'un induit lisse ;
- $\hat{B}_0$ l'amplitude de la variation de l'induction en regard de l'encoche.

❖ **Induction dans les dents.**

1 Pour les dents du stator

On peut définir premièrement avant le calcul les chutes de potentielle au niveau de la dents que ce soit dent rotorique ou dents statorique.

A un pas dentaire appartient la portion de flux : [7]

$$\hat{\phi}_\tau = \hat{B}_\delta \cdot l_i \cdot \tau_z \qquad (3.61)$$

Par rapport à ce flux, la dent et l'encoche sont en parallèle. Puisque la perméance du fer est très supérieur à celle de l'air, la plus grande partie du

Chapitre III : Calcul Pratique de l'Alternateur

flux $\hat{\phi}_r$ passe par la dent. En désignant par z_y la largeur de la dent au point qui correspond au diamètre d_y (choisi lors du calcul), on obtient la section correspondante du fer : [7]

$$S_{z_y} = k_F \cdot l_{Fe} \cdot z_y \tag{3.62}$$

Où k_F désigne le facteur de remplissage, compte tenu du foisonnement du fer, et l_{Fe} la longueur de celui-ci, y compris l'isolation des tôles. Le facteur k_F tient compte de l'isolation et du jeu entre les tôles. Avec des tôles d'une épaisseur de 0.5 mm, il est égal à 0.90 . . . 0.93. Dans les machines avec encoches à flancs parallèles (largeur constante d'encoche b_z), la largeur z_y de la dent varie avec le diamètre d_z. Lorsque, sur la circonférence d'induit, sont disposées Z encoches, on a : [7]

$$\tau_{Z_y} = \frac{\pi \cdot d_y}{Z} \tag{3.63}$$

Et

$$z_y = \frac{\pi \cdot d_y - b_z \cdot Z}{Z} \tag{3.64}$$

Avec

$$k_s = \frac{S_Z}{S_{z_y}} = \frac{\tau_{Z_y} - k_F \cdot z_y}{k_F \cdot z_y} \tag{3.65}$$

En revanche, lorsque la saturation de la dent n'est pas forte (< 1.8 T), on peut admettre que le flux entier $\hat{\phi}_r$ passe par la dent. On a alors : [7]

$$\hat{B}'_{z_1} = \frac{\hat{\phi}_r}{S_{1_y}} = \frac{l_i}{k_F \cdot l_{Fe_1}} \cdot \frac{\tau_{z_1}}{z_{1_v}} \cdot \hat{B}_\delta \tag{3.66}$$

Remarque Les calculs prochains on les remplaces lettre y par :
- t désigne que la tête de la dent ;
- m désigne que la mi-hauteur de la dent ;
- p désigne que le pied de la dent.

Chapitre III : Calcul Pratique de l'Alternateur

Donc les calculs comme suivant :

$$\hat{B}'_{z_{1y}} = \frac{\hat{\phi}_\tau}{S_{1y}} = \frac{l_i}{k_F \cdot l_{Fe_1}} \cdot \frac{\tau_{z_1}}{z_{1y}} \cdot \hat{B}_\delta = 88.55 \cdot 10^{-3} \cdot \frac{\hat{B}_\delta}{z_{1y}} \quad (3.67)$$

D'où :

$$z_{1_t} = 43\,mm \qquad \hat{B}'_{Z_{1t}} = 2.06 \cdot \hat{B}_\delta \qquad k_{z_t} = 0.83$$

$$z_{1_m} = 56\,mm \qquad \hat{B}'_{Z_{1m}} = 1.58 \cdot \hat{B}_\delta \qquad k_{z_m} = 0.65$$

$$z_{1_p} = 72.7\,mm \qquad \hat{B}'_{Z_{1p}} = 1.22 \cdot \hat{B}_\delta \qquad k_{z_p} = 0.54$$

La longueur des lignes de force des dents du stator est égale à :

$$2 \cdot h_{z_1} = 2 \cdot 251 = 502\,mm \quad (3.68)$$

2 Induction dans les dents étroites du rotor

$$\hat{B}'_{z_{2y}} = \frac{\hat{\phi}_\tau}{S_{2y}} = \frac{l_i}{l_{F_2}} \cdot \frac{\tau_{z_2}}{z_{2y}} \cdot \hat{B}_\delta = 198 \cdot 10^{-3} \cdot \frac{\hat{B}_\delta}{z_{2y}} \quad (3.69)$$

D'où :

$$k_F = 1 \quad \text{(Rotor massif)}$$

- z_{1_2} largeur de la dent du rotor ;
- τ_{z_2} pas dentaire de la rotor.

D'où :

$$z_{2_t} = 72\,mm \qquad \hat{B}'_{z_{2t}} = 2.75 \cdot \hat{B}_\delta \qquad k_{z_t} = 1.61$$

$$z_{2_m} = 74.5\,mm \qquad \hat{B}'_{z_{2m}} = 2.66\,\hat{B}_\delta \qquad k_{z_m} = 1.15$$

$$z_{2_p} = 77\,mm \qquad \hat{B}'_{z_{2p}} = 2.57 \cdot \hat{B}_\delta \qquad k_{z_p} = 0.72$$

La longueur des lignes de force des dents du stator est égale à :

$$2 \cdot h_{z_2} = 2 \cdot 165 = 330\,mm \quad (3.70)$$

3 Induction dans les dents larges du rotor

$$\hat{B}'_{z_2} = \frac{\hat{\phi}_r}{S_{z_y}} = \frac{l_i}{l_{F_2}} \cdot \frac{b_p}{z_{2_y}} \cdot \hat{B}_\delta = 672.6 \cdot 10^{-3} \cdot \frac{\hat{B}_\delta}{z_{2_y}} \tag{3.71}$$

D'où

$z_{2_t} = 640\,mm$ $\quad \hat{B}'_{z_{2_t}} = 1.05\,\hat{B}_\delta$ $\quad k_{z_t} = 0.097$

$z_{2_m} = 546\,mm$ $\quad \hat{B}'_{z_{2_m}} = 1.23\,\hat{B}_\delta$ $\quad k_{z_m} = 0.25$

$z_{2_p} = 452\,mm$ $\quad \hat{B}'_{z_{2_p}} = 1.49\,\hat{B}_\delta$ $\quad k_{z_p} = 0.13$

4 Intensité de champ de la dent statorique [7]

Lorsque la section de la dent est variable (cas le plus fréquent), l'induction et, par conséquent, l'intensité du champ varient selon les points considérés. On doit alors calculer l'intensité du champ dans plusieurs sections et déterminer la chute de potentiel magnétique dans la dent :

$$\hat{U}_z = \int_0^{h_z} \hat{H}_{z_y} dl_z. \tag{3.72}$$

Il convient ici de recourir à la règle de Simpson. On subdivise la hauteur de la dent en trois parties égales. L'intensité du champ moyen est alors :

$$\hat{H}_{z_{med}} = \frac{1}{6}\left(\hat{H}_{z_{min}} + 4\hat{H}_{z_{ml}} + \hat{H}_{z_{max}}\right) \tag{3.73}$$

En pratique, dans la majorité des cas, on calcule l'intensité du champ au tiers de la hauteur de la dent à partir du point où la largeur de celle-ci est le plus faible, et on introduit cette valeur dans le calcul comme intensité moyenne du champ $\hat{H}_{z_{med}}$.

La chute de potentiel magnétique dans la dent est :

$$\hat{U}_z = h_z \hat{H}_{z_{méd}}. \tag{3.74}$$

Lorsque les machines sont dotées d'encoches dans les deux parties, $\hat{U}_z$ doit être calculé pour le stator et pour le rotor.

Chapitre III : Calcul Pratique de l'Alternateur

3.5.7 Induction dans la culasse du stator

L'induction dans la culasse du stator est calculée sur la base du flux $\hat{\phi} = b_i \cdot l_i \cdot \hat{B}_\delta$, soit [8] :

$$\hat{\phi} = 4.26 \cdot \hat{B}_\delta \tag{3.75}$$

La hauteur de la culasse du stator est $h_{j_1} = 0.58\,m$; par conséquent, en négligeant les canaux axiaux de ventilation, l'induction dans la culasse du stator vaut :

$$\hat{B}_{j_1} = \frac{4.26 \cdot \hat{B}_\delta}{2 \cdot k_F \cdot l_{Fe_1} \cdot h_{j_1}} = 1.39\,\hat{B}_\delta \tag{3.76}$$

❖ **Induction dans la culasse du rotor**

L'induction dans la culasse du stator est calculée sur la base du flux $\hat{\phi} = b_i \cdot l_i \cdot \hat{B}_\delta$, soit [8] :

$$\hat{\phi} = 4.26 \cdot \hat{B}_\delta$$

La valeur correspondant pour la culasse du rotor, en négligeant la dispersion du rotor :

$$\hat{B}_{j_2} = \frac{4.26 \cdot \hat{B}_\delta}{2 \cdot l_{Fe_2} \cdot h_{j_2}} = 2.3 \cdot \hat{B}_\delta \tag{3.77}$$

D'où $\qquad h_{j_2} = 0.295\,m$

❖ **Intensité de champ de la culasse de stator :**

En déterminant l'intensité du champ $\hat{H}_j$ correspondant à l'induction $\hat{B}_j$ dans la culasse, on obtient la chute de potentiel magnétique dans cette dernière : $\hat{U}_j = l_j \cdot \hat{H}_j$. [8]

La longueur du parcours des lignes d'induction dans la culasse vaut :
Pour le stator

Chapitre III : Calcul Pratique de l'Alternateur

$$D_{moyc} = \frac{D_{exc} + D_{inc}}{2} = 2.31\, m \qquad (3.78)$$

$$l_{j_1} = \frac{\pi \cdot D_{moyc}}{2p} = 3.63\, m \qquad (3.79)$$

D'où

$$D_e = D + 2(h_{z_1} + h_{j_1}) = 2.89 \qquad (3.80)$$

Pour le rotor

$$D_{moycr} = \frac{D_{excr} + D_{ar}}{2} = 0.407\, m \qquad (3.81)$$

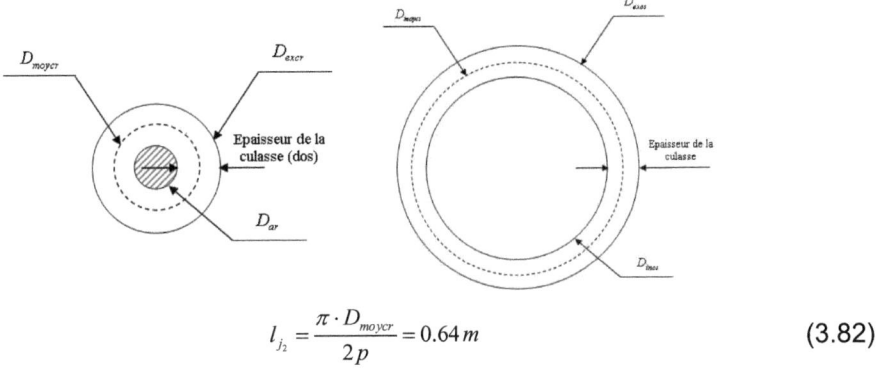

$$l_{j_2} = \frac{\pi \cdot D_{moycr}}{2p} = 0.64\, m \qquad (3.82)$$

D'où
- D_{moycs} diamètre moyen de la culasse statorique ;
- D_{excs} diamètre extérieur de la culasse statorique ;
- D_{incs} diamètre intérieur de la culasse statorique ;
- D_{moycr} diamètre moyen de la culasse rotorique ;
- D_{ar} diamètre de l'arbre ;
- D_{excr} diamètre extérieur de la culasse rotorique.

Chapitre III : Calcul Pratique de l'Alternateur

Donc la chute de potentiel magnétique dans la culasse du stator d'une part, du rotor d'autre part :

$$\hat{U}_{j_1} = 3.63 \cdot \hat{H}_{j_1} \qquad (3.83)$$

$$\hat{U}_{j_2} = 0.64 \cdot \hat{H}_{j_2} \qquad (3.84)$$

3.5.8 Caractéristiques magnétiques pour les dents larges :

Le paquet magnétique a été réalisé avec des lames magnétiques en acier au silicium du type à cristaux orientés, disposés sur toute la circonférence. [12]

Remarque Pour les inductions B > 2.15 on a fait une équation comme suit : $\hat{B} = 1.855 + 6.41 \cdot \hat{H} \cdot 10^{-6}$.

$\hat{B}_\delta(B_{\delta_x})$		0.40	0.60	0.75	0.87	1
Stator						
$\hat{B}'_{Z_{A_t}} = 2.06 \cdot \hat{B}_\delta$	$k_{z_t} = 0.83$	0.82	1.24	1.54	1.79	2.06
$\hat{B}'_{Z_{A_m}} = 1.58 \cdot \hat{B}_\delta$	$k_{z_m} = 0.65$	0.63	0.95	1.18	1.37	1.58
$\hat{B}'_{Z_{A_p}} = 1.22 \cdot \hat{B}_\delta$	$k_{z_p} = 0.54$	0.49	0.73	0.91	1.06	1.22
$\hat{H}_{z_t}$			220	610	2700	12500	32000
$\hat{H}_{z_m}$		160	270	500	1050	3500
$\hat{H}_{z_p}$		128	182	240	350	560
$2\hat{U}_{z_t} = \dfrac{502}{6} \cdot \left(\hat{H}_{z_p} + 4\hat{H}_{z_m} + \hat{H}_{z_t}\right) \cdot 10^{-3}$		82.66	156.61	413.28	1426.4	3895.21
$\hat{B}_{j_1} = 1.39 \hat{B}_\delta$		0.56	0.83	1.04	1.21	1.39
$\hat{H}_{j_1}$		142	210	290	550	1100
$\hat{U}_{j_1} = 3.63 \cdot \hat{H}_{j_1}$		515.46	762.3	1052.7	1996.5	3993
Rotor (pour les dents larges)						

		0.42	0.63	0.79	0.91	1.05
$\hat{B}'_{z_{2_t}} = 1.05\,\hat{B}_\delta$	$k_{z_t} = 0.092$					
$\hat{B}'_{z_{2_m}} = 1.23\,\hat{B}_\delta$	$k_{z_m} = 0.25$	0.49	0.74	0.92	1.07	1.23
$\hat{B}'_{z_{2_p}} = 1.49\,\hat{B}_\delta$	$k_{z_p} = 0.13$	0.6	0.89	1.12	1.3	1.49
$\hat{H}_{z_t}$		950	1052	1190	1280	1400
$\hat{H}_{z_m}$		1000	1100	1300	1400	1850
$\hat{H}_{z_p}$		1050	1250	1650	2200	3200
$2\hat{U}_{z_2} = \dfrac{330}{6}\cdot\left(\hat{H}_{z_p} + 4\hat{H}_{z_m} + \hat{H}_{z_t}\right)\cdot 10^{-3}$		330	368.6	442.2	499.4	660
$\hat{B}_{j_2} = 2.3\cdot\hat{B}_\delta$		0.92	1.38	1.72	2	2.3
$\hat{H}_{j_2}$		1300	2500	9000	50000	120000
$\hat{U}_{j_2} = 0.64\cdot\hat{H}_{j_2}$		832	1600	5760	32000	76800
$2\hat{U}_\delta = 8.025\cdot 10^4\cdot\hat{B}_\delta$		32100	48150	60187.5	69817.5	80250
$2\hat{U}_{z_1}$		82.66	156.61	413.28	1426.4	3895.21
$2\hat{U}_{z_2}$		330	368.6	442.2	499.4	660
$\hat{U}_{j_1}$		515.46	762.3	1052.7	1996.5	3993
$\hat{U}_{j_2}$		832	1600	5760	32000	76800
$\hat{F}_{ci}(F_x)$		33860.1	51037.5	67855.7	**105740**	165598

3.5.9 Caractéristiques magnétiques pour les dents étroites :

Pour les inductions B > 2.15 on a fait une équation ça : $\hat{B} = 2.27 + 2.28\cdot\hat{H}\cdot 10^{-6}$.

$\hat{B}_\delta(B_{\delta_x})$		0.40	0.60	0.75	0.87	1
Rotor						
$\hat{B}'_{z_{2_t}} = 2.75\cdot\hat{B}_\delta$	$k_{z_t} = 1.61$	1.1	1.65	2.06	2.39	2.75
$\hat{B}'_{z_{2_m}} = 2.66\cdot\hat{B}_\delta$	$k_{z_m} = 1.15$	1.06	1.6	1.99	2.31	2.66
$\hat{B}'_{z_{2_p}} = 2.57\cdot\hat{B}_\delta$	$k_{z_p} = 0.72$	1.03	1.54	1.93	2.24	2.57

$\hat{H}_{z_t}$	1560	6900	50000	120000	210526.3
$\hat{H}_{z_m}$	1500	5300	48000	114390	171052.6
$\hat{H}_{z_p}$	1400	4300	30000	112500	180000
$2\hat{U}_{z_2} = \dfrac{330}{6} \cdot \left(\hat{H}_{z_p} + 4\hat{H}_{z_m} + \hat{H}_{z_t}\right) \cdot 10^{-3}$	492.8	1782	15730	37953.3	59110.5
$2\hat{U}_\delta = 9.86 \cdot 10^4 \cdot \hat{B}_\delta$	39440	59160	73950	85782	98600
$2\hat{U}_{z_1}$	82.66	156.61	413.28	1426.4	3895.21
$2\hat{U}_{z_2}$	492.8	1782	15730	37953.3	59110.5
$\hat{U}_{j_1}$	515.46	762.3	1052.7	1996.5	3993
$\hat{U}_{j_2}$	832	1600	5760	32000	76800
$\hat{F}_{ci}(F_x)$	41362.9	63460.9	96906	**159158.2**	242398.7

Entre le flux et la F.E.M. de l'induit (secondaire), il existe, comme dans les machines asynchrones, la relation suivant :

$$\hat{\phi} = \frac{E_1}{4 \cdot k_f \cdot f \cdot N_1 \cdot k_w} \qquad (3.85)$$

Et aussi

$$E_1 = 4 \cdot k_f \cdot f \cdot k_w \cdot N_1 \cdot \hat{\phi} = 1.977 \cdot 10^3 \cdot \hat{\phi}$$

Contrairement au cas de la machine asynchrone, dans celui de la machine synchrone il est nécessaire de connaître une grande partie de la caractéristique magnétique.

Le calcul de la caractéristique à vide de la machine synchrone à pôles noyée diffère quelque peu selon le type de rotor.

La partie non bobinée par pas polaire forme une dent large. On calcule tout d'abord les deux courbes caractéristiques $\hat{B}_\delta = f(\hat{U})$, l'une pour les dents larges, l'autre pour les dents étroites (Fig 3.27), en supposant que la dispersion rotorique est nulle. En calculant les chutes de potentiel magnétique dans l'entrefer pour les deux courbes caractéristiques, on doit considérer deux facteurs de Carter différents : un pour la dent large identique à celui d'une machine à pôles saillants et à épanouissements polaires sans encoches, un autre plus élevé pour les dents étroites identiques à celui d'une machine dotée d'encoches au stator et au rotor. A partir des courbes caractéristiques pour les dents larges et pour les dents étroites, on construite, en négligeant la dispersion rotorique, la courbe caractéristique de la machine à vide de la façon suivant [7] :

$\hat{B}_\delta$	0	0.40	0.60	0.75	0.87	1
$\hat{F}_{ci}$ (D large)	0	33860.1	51037.5	67855.7	**105740**	165598
$\hat{F}_{ci}$ (D étroite)	0	41362.9	63460.9	96906	**159158.2**	242398.7

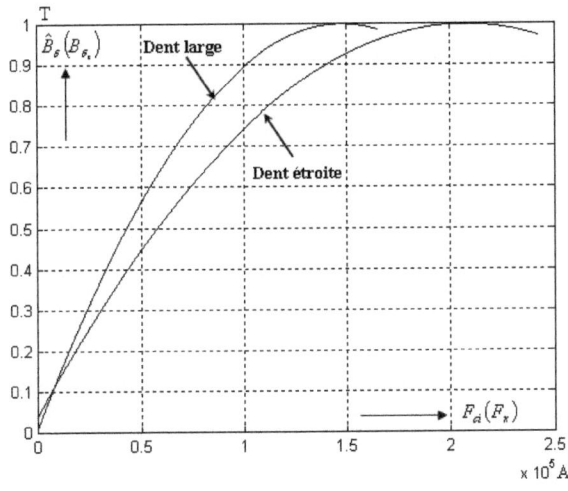

Fig. III. 17 Courbes d'induction des dents étroites et des dents larges d'un turboalternateur de 145 000 kVA et 3000 tr/min

On détermine tout d'abord, pour chaque point du pole, l'induction dans l'entrefer correspondant à une F.M.M. donnée. La courbe de la F.M.M. a la forme d'un trapèze qui, dans la majorité des cas, peut être remplacé par une

Chapitre III : Calcul Pratique de l'Alternateur

courbe sinusoïdale (Fig 2.28). au milieu de la dent large agit l'amplitude $\hat{F}$ de la courbe sinusoïdale. Au milieu des dents étroites 1, 2, ... les F.M.M. sont égales à $\hat{F}\sin\left(\dfrac{\pi}{\tau_p}\right)x_1$, $\hat{F}\sin\left(\dfrac{\pi}{\tau_p}\right)x_2$, ... lorsque, dans la figure 3.27, on porte les valeurs de la F.M.M. F_x en abscisses, les ordonnées correspondantes donnent les inductions B_{δ_x} dans l'entrefer sur l'axe des dents. Les inductions ainsi obtenues Sont considérées comme des valeurs moyennes pour les pas dentaires correspondants

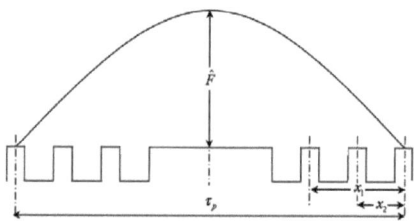

Fig. III. 18 Encoche statorique d'un turboalternateur de 145 M VA, 3000 tr/mn et 11500 V

En multipliant les valeurs de B_{δ_x} par $l_i \cdot \tau_{z_\delta}$, où τ_{z_δ} désigne le pas dentaire dans l'entrefer, on obtient le flux $l_i \cdot \tau_{z_i} \cdot \hat{B}_{\delta_x}$ sortant de chacune des dents du rotor. Pour obtenir le flux $\hat{\phi}$ par pole, on fait maintenant les calculs comme suivant :
Pour la dent large, on a :

$$\hat{\phi}_{z_l} = \tau_{z_x} \cdot l_1 \cdot \hat{B}_{z_1} = 7 \cdot 0.188 \cdot 3.3 \cdot \hat{B}_{z_1} = 4.34 \cdot \hat{B}_{z_1} \tag{3.86}$$

Et pour les dents étroites :

$$\hat{\phi}_{z_\delta} = \tau_{z_\delta} \cdot l_1 \cdot \hat{B}_{z_\delta} = 2 \cdot 0.188 \cdot 3.3 \cdot \sum \hat{B}_{z_\delta} = 0.24 \cdot \sum \hat{B}_{z_\delta}. \tag{3.87}$$

D'où
- τ_{z_δ} : désigne le pas dentaire dans l'entrefer vaut 71 mm.

Avec

Chapitre III : Calcul Pratique de l'Alternateur

$$\hat{\phi} = \hat{\phi}_{z_i} + \hat{\phi}_{z_e} \qquad (3.88)$$

En portant le flux $\hat{\phi}$ en fonction de $\hat{F}$, on obtient une caractéristique de marche à vide dans laquelle on a négligé la dispersion rotorique. De cette caractéristique, on tire celle de la marche à vide en tenant compte de la dispersion du rotor.

Donc le tableau résultant comme suivant :

τ_{z_δ}	0	0.188	0.376	0.564	0.752	0.965
$\hat{F}_{ci}$	0	31898.2	60824.4	84083.3	99508	105739.7
$\hat{B}_{\delta_\delta}$	0	0.29	0.52	0.64	0.73	0.74
$\hat{\phi}_{z_\delta}$	0	0.36	0.64	0.79	0.9	0.92
B_{z_1}	0	0.37	0.65	0.79	0.88	0.89
$\hat{\phi}_{z_1}$	0	1.6	2.8	3.4	3.8	3.86
$\hat{\phi}_T$	0	1.96	3.44	4.19	4.32	4.78
E	0	3874.92	6800.88	8283.63	9015.12	9450.06
I_2	0	721	1374.6	1900.3	2248.9	2389.7

Tab. III. 12 Résultats obtenir

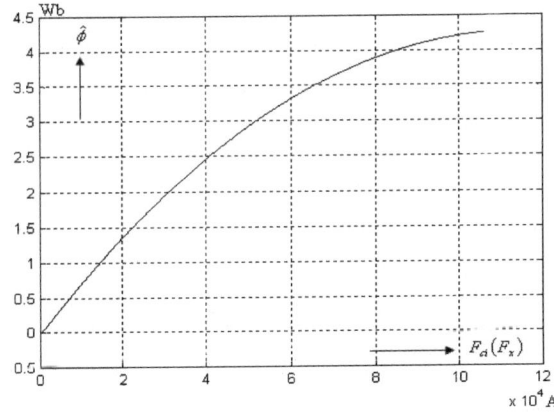

Fig. III. 19 Courbe magnétique caractéristique d'une machine synchrone à pole noyée

Chapitre III : Calcul Pratique de l'Alternateur

Dans la machine synchrone à pôles noyés, le flux de dispersion rotorique résulte de l'ensemble des flux de dispersion des encoches, des têtes de dents et des têtes de bobines. Le flux de dispersion des têtes de bobines circule essentiellement dans la carcasse de protection et dans le moyeu de l'arbre débordant la partie active du fer

De ce fait, il ne charge pratiquement pas les dents du rotor et peut être négligé.

Le flux de dispersion dans l'encoche et à la tête de la dent est :

$$\hat{\phi}_\sigma = 2 \cdot \mu_0 \cdot \hat{U}_\sigma \left(l_{Z_2} \cdot \lambda_{\sigma_z} + l_i \cdot \lambda_{\sigma_2} \right) \tag{3.89}$$

$$\hat{U}_\sigma = \frac{2\hat{U}_\delta + 2\hat{U}_{z_1} + \hat{U}_{j_1}}{q_1} = 14867.5 \, A \tag{3.90}$$

$$l_{Z_2} = l_p - n_{vt_2} \cdot b''_{vt_2} = 3.32 m \tag{3.91}$$

On a aussi :

$$\lambda_{\sigma_z} = \frac{h_1}{3 \cdot b_z} + \frac{h_2}{b_z} = 3.29 \; et \; \lambda_{\sigma_z} = \frac{5 \cdot \frac{\delta}{s}}{5 + \frac{\delta}{s}} = 0.6 \tag{3.92}$$

La chute de potentiel magnétique $2\hat{U}_\delta + 2\hat{U}_{z_1} + \hat{U}_{j_1}$, pour l'induction maximale $\hat{B}_\delta = 0.87 \, T$

Dans l'entrefer correspondant à la tension nominale est égale à :

$$2\hat{U}_\delta + 2\hat{U}_{Z_1} + \hat{U}_{j_1} = 89205 \, A$$

Donc

$$\hat{U}_\sigma = \frac{2\hat{U}_\delta + 2\hat{U}_{z_1} + \hat{U}_{j_1}}{q_1} = 14867.5 \, A \tag{3.93}$$

D'où :

$$q_1 = \frac{12}{2} = 6 \; encoches \tag{3.94}$$

Et le flux de dispersion dans la marche à vide :

Chapitre III : Calcul Pratique de l'Alternateur

$$\hat{\phi}_\sigma = 0.482\,Wb \qquad (3.95)$$

Le flux dans l'entrefer à la tension nominale et dans la marche à vide est $\hat{\phi} = 3.69\,Wb$; d'où, en pourcent, la dispersion du rotor dans la marche à vide :

$$\frac{\hat{\phi}_\sigma}{\hat{\phi}} \cdot 100 = \frac{0.482}{3.69} = 13.1\,\% \qquad (3.96)$$

On obtient de façon approximative la caractéristique à vide où l'on tient compte de la dispersion rotorique, à partir de celle où on la néglige, en effectuant la construction suivante :

On porte Fig 3.30 sur l'axe des abscisses, vers la droite, en partant de l'origine O du système de coordonnées, le flux utile $\hat{\phi} = 100\,\% = \overline{OA}$ à une échelle quelconque et, vers la gauche, à la même échelle, le flux de dispersion en pour-cent $\left(\frac{\hat{\phi}_\sigma}{\hat{\phi}}\right) \cdot 100\,\% = \overline{OB}$. On tire alors, à partir d'un point quelconque C de la caractéristique à vide, calculée sans tenir compte de la dispersion rotorique, une parallèle à l'axe des abscisses, qui coupe au point D la parallèle à l'ordonnée élevée du point B. la droite $\overline{DA}$ coupe, elle, l'axe des ordonnées au point E. En tirant de ce point E la parallèle à l'axe des abscisses, et du point C la parallèle à la caractéristique d'entrefer $\overline{OF}$, on obtient le point d'intersection C'. C'est le point de la caractéristique à vide, dans laquelle on a tenu compte de la dispersion rotorique, et qui correspond au point C.

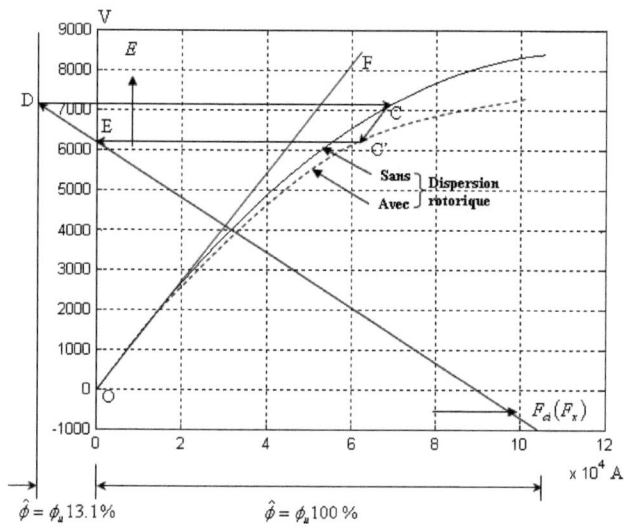

Fig. III. 20 Courbe caractéristique de la marche à vide d'un turboalternateur de 145 M VA et 3000 tr/mn

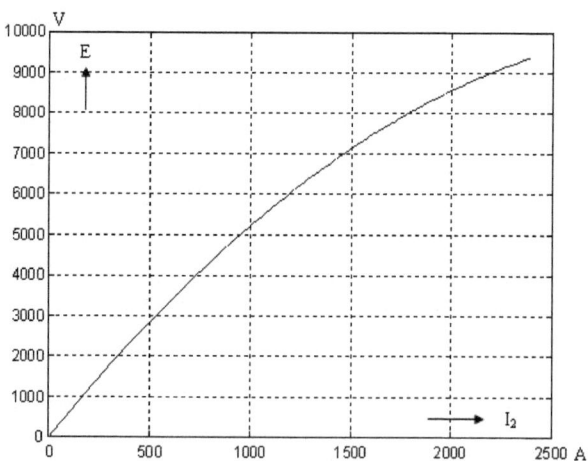

Fig. III. 21 Courbe caractéristique de la marche à vide d'un turboalternateur de 145 M VA et 3000 tr/mn.

3.5.11 Réactance de fuite de l'enroulement du stator

On calcule la perméance de dispersion de l'encoche, avec le raccourcissement du pas adopté dans ce cas $\frac{c}{\tau_p}=1$, on a,

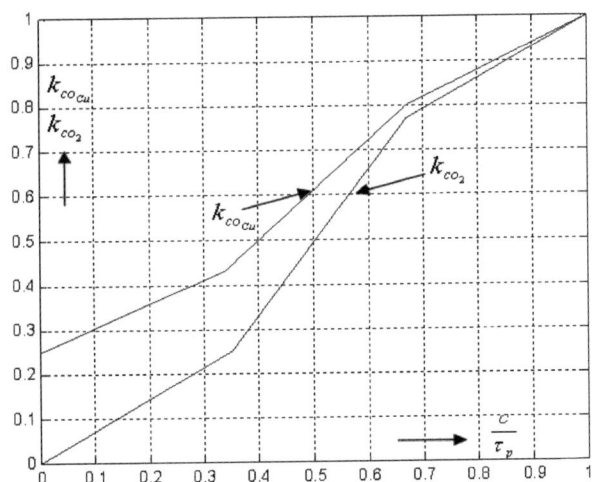

Fig. III. 22 Influence de l'enroulement à pas partiel sur la dispersion d'encoche des enroulements triphasés

Selon la figure ci-contre $k_{co_{Cu}}=1$ et $k_{co_2}=1$. Des dimensions de l'encoche correspondant à la figure 3.19, il résulte que :

$$\lambda_{\sigma_{Z_1}} = k_{co_{Cu}} \cdot \frac{h_1}{3 \cdot b_Z} + k_{co_2} \cdot \frac{h_2}{b_Z} = 3.72 \qquad (3.97)$$

D'où:
- c   Ouverture d'une bobine ;
- $k_{co_{Cu}}, k_{co_2}$ Coefficients de correction ;
- b_z largeur d'une encoche.

❖ **Longueur effective de l'encoche :**

$$l_{Z_1} = l_a - n_{vt_1} \cdot b'_{vt_1} = 3.21 m \qquad (3.98)$$

Chapitre III : Calcul Pratique de l'Alternateur

D'où

$$\Lambda_{\sigma_{Z_1}} = \mu_0 \frac{l_{Z_1} \cdot \lambda_{\sigma_{Z_1}}}{q_1} = 16.66 \cdot 10^{-7}.$$ (3.99)

- ❖ **Coefficient de perméance des têtes de dents**

$$\lambda'_{\sigma_{Z_1}} = \frac{5 \frac{\delta}{S_1}}{5 + 4 \cdot \frac{\delta}{S_1}} = 0.74.$$ (3.100)

Et aussi :

$$\Lambda'_{\sigma_{Z_1}} = \mu_0 \frac{l_i \cdot \lambda'_{\sigma_{Z_1}}}{q_1} = 3.4 \cdot 10^{-7}$$ (3.101)

- ❖ **Perméance de dispersion à la tête des bobines**

$$\Lambda_{\sigma_{b_1}} = \mu_0 (0.6 \cdot l_{b0} - 0.3 \cdot \tau'_p) = 21 \cdot 10^{-7}$$ (3.102)

D'où

- τ'_p : pas de la tête de la bobine ;
- l_{bo} : longueur moyenne d'un conducteur.

- ❖ **Réactance de fuite**

$$X_{\sigma_1} = 12.56 \cdot f \frac{N_1^2}{p} \left(\Lambda_{\sigma_{Z_1}} + \Lambda'_{\sigma_{Z_1}} + \Lambda_{\sigma_{b_1}} \right) = 0.21 \, \Omega/ph$$ (3.103)

- ❖ **Tension de dispersion**

La tension de dispersion E_σ au courant nominal $I_1 = 7280\,A$:

$$E_\sigma = X_{\sigma_1} \cdot I_1 = 1528.8 V = \frac{1528.8 \cdot \sqrt{3}}{11500} \cdot V_1 = 0.23 \cdot V_1$$ (3.104)

D'où

- V_1 : tension simple aux bornes de la machine

3.5.12 Diagramme des tensions et des forces magnétomotrices.

L'angle φ entre la tension aux bornes V_1 et le courant nominal I_1 est égal, par rapport au facteur de puissance prescrit $\cos\varphi = 0.8$, à $\varphi = 36°\,50°$. Les chutes ohmiques de tensio0n sont négligeables, la tension de dispersion est

$E_\sigma = 1528.8 V$. Avec ces valeurs, la F.E.M. résultante est $E_1 = 6640 V$. La F.E.M. correspondant à cette tension, donnée par la figure 3.30, est égale à $\hat{F}_{rés} = 60000 A$. La F.M.M. par paire de pôles vaut dès lors :

$$\hat{F}_1 = 0.9 \cdot m \cdot \frac{N_1 \cdot k_w}{p} \cdot I_1 = 168943.3 A \quad (3.105)$$

La F.M.M. de l'enroulement du rotor $\hat{F}_{ci} = \hat{F}_2$ est égale à la somme de $\hat{F}_{res}$ et, $-\hat{F}_1$ soit ici :

A la charge nominale et à $\quad\quad \cos\varphi = 0.8 : \hat{F}_{ci_{ch}} = 195154.64\ A$

A 125% de la charge nominale et à $\quad\quad \cos\varphi = 0.8 : \hat{F}'_{ci_{ch}} = 243943.3\ A$.

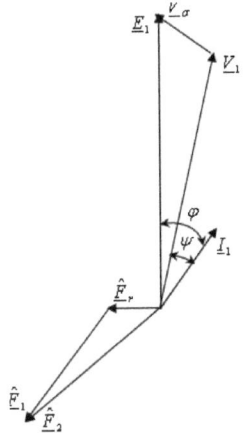

Fig. III. 23 Diagramme des tensions et des F.M.M d'un turboalternateur de 145 M VA et 3000 tr/mn à la charge nominale

3.5.13 Dimensionnement de l'enroulement d'excitation

Soit $V_2 = V_1 = 242\ V$ [3] la tension maximale d'excitation et soit 5 % la chute de tension admissible dans les conducteurs d'alimentation. Dans le calcul des dimensions de l'enroulement d'excitation, on augmente, par mesure de sécurité, de 5 % la F.M.M. d'excitation demandée. A une température limite de :

Chapitre III : Calcul Pratique de l'Alternateur

$$\theta = 105°C \, [3] \tag{3.106}$$

Admis par les normes de la V.D.E. (avec des isolants composée de mica), la résistivité du cuivre vaut :

$$Q_\theta = Q_{20} \cdot [1 + \alpha(\theta - 20)] = 0.023 \cdot 10^{-6} \, \Omega \, m \tag{3.107}$$

❖ **Longueur moyenne du conducteur**

$$l_{co_2} = l_p + 0.8 \cdot \tau_p = 4.88 \, m \tag{3.108}$$

❖ **Section de l'enroulement du rotor**

En calculant avec $V_2' = 0.95 \cdot V_2$

$$S_{co_2} = Q_\theta \cdot p \cdot 2 \cdot l_{co_2} \frac{\hat{F}_{cl_{ch}}}{V_2'} = 238 \, mm^2. \tag{3.109}$$

Avec nombre de conducteur vaut 24 par encoche

❖ **Largeur de l'encoche**

Conducteur	2*33.5	= 67 mm
Gaine	2*1.5	= 3 mm
Intercalaires	14*0.4	= 5 mm
Intercalaires renforcés	3*2.0	= 6 mm
Isolement de deux conducteurs à l'ouverture de l'encoche	4*0.2	= 0.8 mm
isolation sous la clavette		= 10 mm
Listel isolant à l'ouverture de l'encoche		= 2 mm
Tôle glissée à l'ouverture de l'encoche		= 1 mm

Chapitre III : Calcul Pratique de l'Alternateur

jeu		= 2 mm
Canal pour le refroidissement à air		= 20 mm
		= 117 mm

3.5.13.3 Profondeur de l'encoche rotorique

Conducteurs	12*7.1	= 85.2 mm
Gaine	2*4.0	= 8.0 mm
Jeu	2*0.6	= 1.2 mm
Bitume entre les conducteurs	20*0.2	= 4 mm
Bitume entre les conducteurs et la gaine	2*(2*1.0)	= 4 mm
isolation sous la clavette		= 40
h_{z_2}		=142 mm

Profondeur de l'encoche admise : = 150 mm

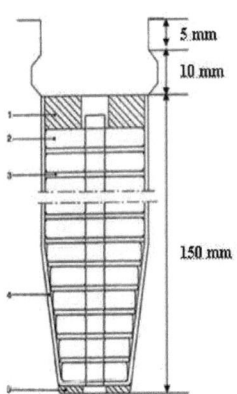

- 1- isolation sous la clavette ;
- 2- spire de cuivre nu ;
- 3- couche isolations intermédiaires ;
- 4- isolation cavité (gaine) ;
- 5- couvercle sous cavité.

Fig. III. 24 Encoche rotorique d'un turboalternateur de 145 MVA et 3000 tr/mn.

Chapitre III : Calcul Pratique de l'Alternateur

- ❖ **Nombre de spire de l'enroulement d'excitation est :**

$$N_2 = 6 \cdot 24 = 144 \; spire \qquad (3.110)$$

- ❖ **Longueur total de l'enroulement**

$$l_{co_{tot_2}} = p \cdot N_2 \cdot 2 \cdot l_{co_2} = 1405.4 \; m \qquad (3.111)$$

- ❖ **Résistance de l'enroulement d'excitation**

$$R_2 = \frac{Q_\theta \cdot l_{cu_{tot_2}}}{S_{cu_2}} = 0.14\,\Omega \qquad (3.112)$$

Remarque :

On remarque que la valeur de résistance est s'approche que la valeur qui est donnée à la fiche technique où vaut $R_2 = \frac{242}{1419} = 0.17 \; \Omega$.(voir paragraphe § 2.3.4.6)

- ❖ **Courant d'excitation**

Le courant d'excitation à la charge nominale

$$I_2 = \frac{\hat{F}_{cl_{ch}}}{N_2} = 1355.24 \; A \qquad (3.113)$$

Le courant d'excitation à 25 % de la charge nominale

$$I'_2 = \frac{1.05 \cdot \hat{F}_{cl_{ch}}}{N_2} = 1423 \; A \qquad (3.114)$$

- ❖ **Perte joule de l'enroulement d'excitation**

$$P_{Q_2} = R_2 \cdot I_2^2 = 342 \; kW \qquad (3.115)$$

Remarque La perte est calculée par les valeurs de la machine à étudier d'où $R_2 = 0.17\Omega$ et $I_2 = 1419 \; A$ (voir paragraphe 2.3.4.6)

- ❖ **Surface du manteau rotorique**

La surface du manteau rotorique, en négligeant les canaux de ventilation, est :

Chapitre III : Calcul Pratique de l'Alternateur

$$\Lambda_{ma_2} = \pi(D - 2 \cdot \delta) \cdot l_p = 10.75 \, m^2 \tag{3.116}$$

❖ **Charge superficielle spécifique**

Selon la norme de la V.D.E., l'échauffement admissible est $\Delta\theta = 80°C$, d'où la charge superficielle spécifique :

$$k = \frac{P_{Q_2}}{\Lambda_{ma_2} \cdot \Delta\theta} = 398 \, W/m^2 \tag{3.117}$$

3.5.14 Masse des matières actives de la machine

❖ **Masse du fer statorique**

$$m_{S_F} = 7800 \cdot V_{S_1} = 40902.3 \, kg \tag{3.118}$$

Avec

$$V_S = \left(h_S^2 \cdot \pi - b_{z_1} \cdot h_z \cdot Z_1\right) \cdot l_{Fe_1} = 5.24 \, m^3 \tag{3.119}$$

D'où

- V_S volume du fer statorique.

❖ **Masse du fer rotorique.**

$$m_{R_F} = 7800 \cdot V_R = 20124 \, kg \tag{3.122}$$

Avec

$$V_R = \left(h_R^2 \cdot \pi - b_{z_2} \cdot h_z \cdot Z_2\right) \cdot l_{Fe_2} = 2.58 \, m^3 \tag{3.123}$$

En plus de poids du bord du rotor d'où sa longueur vaut 9.575 m

Donc le poids du fer total du rotor devient : $m_{Rar} = 17.37 \, kg$

D'où

V_{z_2} Volume des dents rotorique.

❖ **Masse du cuivre de l'enroulement d'induit**

$$m_{R_C} = \rho_{cu} \cdot l_{co_{on_1}} \cdot S_{co_1} = 11482.3 \, kg \tag{3.126}$$

- ρ_{cu} masse spécifique de cuivre vaut = 8.9 10^3 kg/m^3 ;

❖ **Masse du cuivre du stator**

$$m_{S_C} = Q_{Cu} \cdot l_{co_{tot_2}} \cdot S_{co_2} = 3977 \, kg \quad (3.127)$$

- Q_{Cu} la densité du cuivre vaut 8.9 10^3 kg/m^3

❖ **Masse totale de rotor**

$$m_{T_R} = m_{R_F} + m_{R_C} + m_{Rar} = 24118.3 \, kg \quad (3.129)$$

❖ **Masse totale de Stator**

$$m_{T_S} = m_{S_F} + m_{S_C} = 44879.3 \, kg \quad (3.129)$$

3.5.15 Dimensions de l'alternateur conçu

Les dimensions principales de la machine conçue sont données sur la figure 3.35

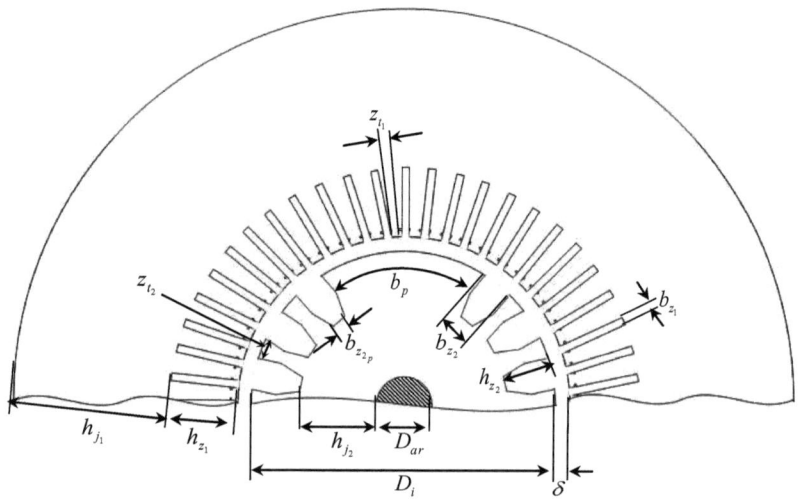

Fig. III. 25 Vue en coupe de stator et rotor de la machine conçue

D'où

L'échelle : $1\,cm \rightarrow 20\,cm$ (1/20)

3.5.16 lignes moyenne d'induction

La figure moyenne d'induction dans chaque région de la machine est illustrée sur la figure 3.36

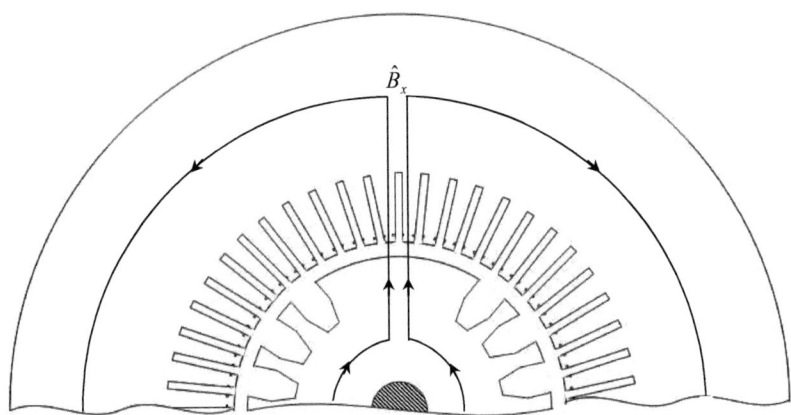

Fig. III. 26 Ligne des induction dans la circuit magnétique de la machines

3.5.17 Etude comparative

Le tableau 3.14 résume les résultats de conception obtenus et qui sont comparés à eux de l'alternateur de HMO :

	Machine du HMO	Machine conçue
Nombre des spires par encoche	2 spires	1
Nombre des spires en série par phase	18 spires	9
Nombre d'encoches	54 encoches	56
Nombre d'encoches par pole et par phase	9 encoches	9
Résistance statorique	0.00095 Ω	0.001 Ω
Résistance rotorique	0.1613 Ω	0.14 Ω
Courant rotorique à pleine charge	1362 A	1355 A

Chapitre III : Calcul Pratique de l'Alternateur

Entrefer	0.0525 m	0.064 m
Poids du rotor	35000 kg	24118.3 kg
Poids du stator	140000 kg	44879.3 kg

Tab. III. 13 Résultats comparatifs

La figure 3.35 montre la bonne corrélation des résultats obtenus de la machine conçue et ceux des machines de la centrale

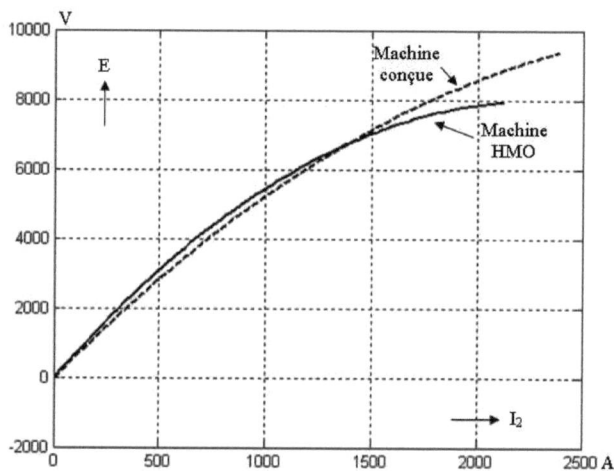

.Fig. III. 27 Variation de la F.é.m. tension simple en fonction du courant d'excitation de la machine 1 et 2 lors fonctionnées à vides.

3.6 Interprétation des résultats

D'après les calculs concernant l'alternateur, on a obtenu un tableau indiquant quelques valeurs différentes à celle de l'alternateur placé dans la centrale HMO.

On a vu que toutes les valeurs obtenues sont acceptables à par du nombre des spires par encoche, cette différence est due à la méthode utilisée dans le livre de la Référence [8]. Par ailleurs, on a observé une différence au niveau du poids du rotor d'où la valeur qui est calculée, représente le rotor sans les accessoires et son diamètre n'est pas bien définit. Lorsqu'on ajouté ce poids,

Chapitre III : Calcul Pratique de l'Alternateur

le poids total est approximativement celui du rotor de la centrale du HMO. Également on a dans le tableau 3.14 le poids du stator dont la valeur obtenue est éloigné que la valeur de l'alternateur de la centrale du HMO, cette différence due à la poids qui est relevée de la fiche technique qui donne le poids total du stator c à d le poids du stator avec la carcasse et quelques choses qui sont concernant le stator. Egalement, comme il a été observé sur la figure 3.35 les deux courbes sont superposés jusqu'au niveau du coude de saturation, cette différence est probablement due au choix de l'induction au niveau de chaque région du circuit magnétique de l'alternateur, aussi qu'au choir du matériau utilisé.

3.7 Conclusion

On a procédé dans ce chapitre à une description sur des caractéristiques à la classification des machines électriques, leur constitution générale et les matériaux utilisés. On a terminé par la conception de cette machine.

En effet, le problème qui existe dans ce chapitre dans la partie de calcul, est le non existence documentation concernant la construction des alternateurs de très larde puissance (116 MW et plus). Malgré cela nous avons essayé d'approcher le problème progressivement. On a obtenu des résultats comparatifs acceptables.

Conclusion Générale

Il n'est plus à démontrer que les énergies renouvelables, largement disponibles, constituent un complément nécessaire aux énergies fossiles, tout particulièrement pour la production d'électricité. Par essence décentralisée, il est intéressant, pour un respect maximal de l'environnement, de les convertir à proximité du lieu de production. Lorsqu'il existe déjà un réseau largement interconnecté constitué d'usines de production centralisée, il semble intéressant d'y connecter des petites unités de production au niveau de l'habitat individuel, des collectivités locales, etc... et qui peuvent être équipées également de moyens de stockage.

La production d'électricité décentralisée d'origine renouvelable avec stockage intégré représente ainsi une solution particulièrement séduisante pour offrir un futur plus propre et plus sûr. Cela ne va pas sans poser de nombreux problèmes, en particulier celui de la gestion d'un tel réseau si la proportion de l'énergie produite par les petites unités doit devenir élevée.

Le stockage d'énergie associé à ces unités de production décentralisée permet un fonctionnement autonome dans les cas extrêmes de panne réseau mais il peut également apporter des services intéressants comme le lissage ou l'écrêtage de la consommation ou le lissage de la production.

Dans le chapitre trois la conception de l'alternateur de la centrale du HMO avec leurs données géométriques sont présentées. Quelques paramètres sont différents à ceux de l'alternateur de la centrale de HMO cela est principalement dû au choisir des matériaux et de la section des différentes régions du circuit magnétique

Travail accompli

Le travail accompli dans ce mémoire se résume dans les points suivants :
- Une recherche bibliographique ;

Conclusion Générale et Recommandations de Travaux Futurs

- Définition et descriptions principaux constituants de la centrale de HMO ;
- Conception d'un alternateur similaire à celui de la centrale de HMO.

Problèmes rencontrés

Durant notre travail nous avons rencontré plusieurs problèmes :
- Le premier est le manque de temps accordé pour réaliser ce travail, le deuxième est le manque de documents concernant la construction des alternateurs de large puissance (>100 MW).

Suggestions et perspectives

Le travail entamé à travers ce projet peut être considéré comme un début à certains travaux futurs concernant la conception des alternateurs de large puissance.

Les axes proposés pour la continuité de ce travail sont :
- l'objectif principal pour la continuité de ce travail et l'amélioration de ce travail élaborer un guide de construction de machines de large puissance ;
- Effectuer un calcul des perméances afin de pouvoir identifier géométriquement les paramètres de cet alternateur;
- Développer un outil d'optimisation des paramètres de ces machines, tout en veillant au bon choix des matériaux électromagnétiques pour assurer un transfert énergétique optimal ;
- Expérimenter la machine conçue sur une base d'essai virtuel avec les blocs Sim Power Syst, Simulink-Matlab.

Travaux Cités

[1] L'Ansaldo . Section 4 ; Schémas ; Turboalternateur refroidi à l'air. TR – 2 – 129500 – 3000 -11500.

[2] Nuovo Pignone .firenze, Fiche technique pour générateur synchrone (04-GS) N° ENTRIPRISE : SONELGAZ HMO EX GE 511 001

[3] Abb Sae Sadelmi, Manuel de formation pour la conduit et l'entretient .N°.98.01

[4] M. Kostenko, L. Piotroviski, "Machine Electrique", Tome 2, Edition Mir Moscou, 1969.

[5] A. Ivanov-Smolencki "Machines Electriques", Volume 2, Edition Mir Moscou, 1980.

[6] G. Seguier, "Electrotéchnique industriel" , Lavoisier, 2éme édition, Paris,France, 1985.

[7] M.Liwschitz. L.maret, Calcul des machines électrique Tome 1, Edition DUNOD PARIS , 1967

[8] M. Liwschitz, L. Maret, Calcul des machines électrique Tome 2, Edition DUNOD PARIS , 1967

[9] R. Abdessemed, V. Abdessemed, Les enroulements des machines électriques. presse de l'Université de Batna, 1995

[10] R. Abdessemed, V. Abdessemed, Guide construction des machines synchrones. Université de Batna, 1985

[11] Simon Loutzky, Calcul pratique des alternateurs et des moteurs asynchrones

[12] L'Ansaldo, Description, Chapitre 01 STATOR. Archive De HMO

[13] L'Ansoldo, Description, Chapitre 02 ROTOR . Archive De HMO

[14] E. Arnold and J. L. Lacour, Die Wechselstromtechnik IV. Die synchronen Wechselstrommaschinen. Berlin 1923, Springer.

Travaux Cités

[15] General Electric International services et Parts, Programme de Formation, Turbines a Gaz MS 5002, Système de commande SPEEDTRONIC Mark II. COPYRIGHT General Electric Company, USA. 1993

[16] General Electric –Oil et Gas Company, MS9001E GAS TURBINE TRAINING MANUAL. General Electric –Oil et Gas Company 2002.

[17] Ivan von Meister, Turbine à Gaz GT 13E2 . ALSTOM Décembre 2003

[18] H. Hamidatou, S. Chekroun, "Etude pour la Conception de Quatre Machines à Induction de différentes Topologies ", Mémoire d'Ingénieur, Encadré par A. Benoudjit, Université de Batna, 1998.

[19] F. Benrekta,"Réalisation du Dossier Technique d'un Moteur Asynchrone de 5 Kw De Puissance ", Mémoire d'Ingénieur, Encadré par S.Chekroun, M.Boubir, Université Med Boudiaf de M'Sila

[20] A. Ivanov-Smolencki, "Machines Electriques", Volume 1, Edition Mir Moscou, 1980

[21] ABB et Nuovo Pignone, MANUEL D'EXPLOITATION DE LA CENTRAL (HMO). Edition ABB et Nuovo Pignone.

[22] théorad Wildi. Eelectrotechnique.Université de laval.

[23] A. Benoudjit, introduction aux machines électriques. Presses de l'Université de Batna, OCT. 1995

[24] M. Ramdane. H. Zouhir, Contribution à l'étude des moteurs asynchrones à haut rendement (type E.E.I d'azazga). Université Med Boudif De M'sila. Mémoire d'Ingénieur, Encadré par S.Chekroun, 2006.

[25] L'ANSALDO, Chapitre 03, Alternateur Excitateur à diode Tournante. Archive De HMO.

Travaux Cités

Site web

[1.S] http://members.aol.com/_ht_a/patrickabati/cours.htm
[2.S] fr.wikipedia.org
[3.S] www.sonelgaz.com.dz
[4.S] www.cri.ca/nuclear_energy/datafr/generalite/edlm.htm
[5.S] sitelec.free.fr

[1] L'Ansaldo . Section 4 ; Schémas ; Turboalternateur refroidi à l'air. TR – 2 – 129500 – 3000 -11500.

[2] Nuovo Pignone .firenze, Fiche technique pour générateur synchrone (04-GS) N° ENTRIPRISE : SONELGAZ HMO EX GE 511 001

[3] Abb Sae Sadelmi, Manuel de formation pour la conduit et l'entretient .N°. 98.01

[4] M. Kostenko, L. Piotroviski, "Machine Electrique", Tome 2, Edition Mir Moscou, 1969.

[5] A. Ivanov-Smolencki "Machines Electriques", Volume 2, Edition Mir Moscou, 1980.

[6] G. Seguier, "Electrotéchnique industriel" , Lavoisier, 2éme édition, Paris,France, 1985.

[7] M.Liwschitz. L.maret, Calcul des machines électrique Tome 1, Edition DUNOD PARIS , 1967

[8] M. Liwschitz, L. Maret, Calcul des machines électrique Tome 2, Edition DUNOD PARIS , 1967

[9] R. Abdessemed, V. Abdessemed, Les enroulements des machines électriques. presse de l'Université de Batna, 1995

[10] R. Abdessemed, V. Abdessemed, Guide construction des machines synchrones. Université de Batna, 1985

[11] Simon Loutzky, Calcul pratique des alternateurs et des moteurs asynchrones

Travaux Cités

[12] L'Ansaldo, Description, Chapitre 01 STATOR. Archive De HMO

[13] L'Ansoldo, Description, Chapitre 02 ROTOR . Archive De HMO

[14] E. Arnold and J. L. Lacour, Die Wechselstromtechnik IV. Die synchronen Wechselstrommaschinen. Berlin 1923, Springer.

[15] General Electric International services et Parts, Programme de Formation, Turbines a Gaz MS 5002, Système de commande SPEEDTRONIC Mark II. COPYRIGHT General Electric Company, USA. 1993

[16] General Electric –Oil et Gas Company, MS9001E GAS TURBINE TRAINING MANUAL. General Electric –Oil et Gas Company 2002.

[17] Ivan von Meister, Turbine à Gaz GT 13E2 . ALSTOM Décembre 2003

[18] H. Hamidatou, S. Chekroun, "Etude pour la Conception de Quatre Machines à Induction de différentes Topologies ", Mémoire d'Ingénieur, Encadré par A. Benoudjit, Université de Batna, 1998.

[19] F. Benrekta,"Réalisation du Dossier Technique d'un Moteur Asynchrone de 5 Kw De Puissance ", Mémoire d'Ingénieur, Encadré par S.Chekroun, M.Boubir, Université Med Boudiaf de M'Sila

[20] A. Ivanov-Smolencki, "Machines Electriques", Volume 1, Edition Mir Moscou, 1980

[21] ABB et Nuovo Pignone, MANUEL D'EXPLOITATION DE LA CENTRAL (HMO). Edition ABB et Nuovo Pignone.

[22] théorad Wildi. Eelectrotechnique.Université de laval.

[23] A. Benoudjit, introduction aux machines électriques. Presses de l'Université de Batna, OCT. 1995

[24] M. Ramdane. H. Zouhir, Contribution à l'étude des moteurs asynchrones à haut rendement (type E.E.I d'azgza). Université Med

Boudif De M'sila. Mémoire d'Ingénieur, Encadré par S.Chekroun, 2006.

[25] L'ANSALDO, Chapitre 03, Alternateur Excitateur à diode Tournante. Archive De HMO.

Site web

[1.S] http://members.aol.com/_ht_a/patrickabati/cours.htm
[2.S] fr.wikipedia.org
[3.S] www.sonelgaz.com.dz
[4.S] www.cri.ca/nuclear_energy/datafr/generalite/edlm.htm
[5.S] sitelec.free.fr

Annexe (1) :

Principales caractéristiques de certains Turbo-Alternateur triphasés ([4] pages 22)

P, MW	f, Hz	U, kV	Cos φ	2p	N, tr/mn	Di, cm	l, cm	q	δ, cm	A, A/cm	$B_{\delta 1}$, T
60	50	10.5	0.8	2	3000	103	280	12	5.0	917	0.827
100	50	10.5	0.85	2	3000	112.8	310	10	6.4	1095	0.973

Annexe (2) :

Charge linéaire A dans les turbo-alternateurs à refroidissement direct ([5] Tableau 62.4).

P_n, MW	100	200	300	500	800
A, kA/m	110	135	150	175	200

Annexe (3) :

La figure ci-dessous est copiée de Guide de référence [1]

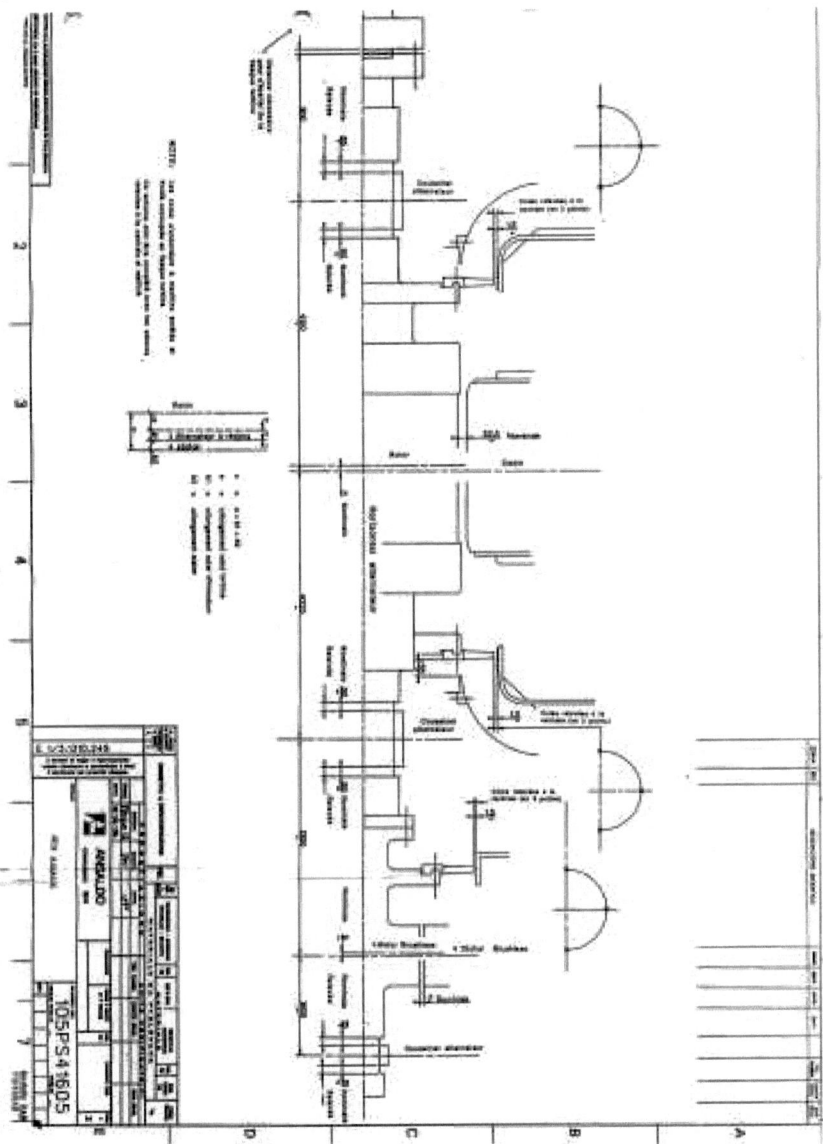

Résumé

Annexe (4) :

Le tableau suivant donne les contraintes magnétiques normales dans les parties en fer des machines synchrones, pour 50 Hz et $\cos\varphi = 0.7$. Les valeurs indiquées se rapportent à la marche à vide sous la tension nominale. Dans les machines qui sont moins surexcitées à la puissance nominale on peut choisir des contraintes magnétiques plus élevées. Lorsque $\cos\varphi = 1$, par exemple, les valeurs indiquées peuvent être dépasser d'environ 10 %.

La région	Les Valeurs de l'induction qui doivent
Culasse de l'induit	1 à 1.2 T
Dents de l'induit au point le plus étroit	1.6 à 1.8 T
Dents de l'induit au milieu de la dent	1.3 à 1.5 T
Pôles de machines à pôles saillants	1.2 à 1.4 T
Culasse de la roue polaire de machines à pôles saillants en acier forgé, acier Siemens Martin, tôles pour dynamo	1 à 1.2 T
en fonte	0.7 T
Dents du rotor des machines à pôles noyés dans la partie bobinée	2.4 T
Dans la partie non bobinée	1.4 à 1.6 T
Culasse rotorique de machines à pôles noyés	1 à 1.5 T

Les inductions indiquées pour la culasse de l'induit se rapportent à la section non affaiblie. Pour les sections affaiblies par des cavités (fixation des tôles d'induit à la carcasse, canaux axiaux de ventilation), on admet des inductions locales inférieures ou égales à 1.8 T, à condition que les zones de plus grandes sollicitations soient limitées à des trajets très courts.

Pour des raisons de construction, les hauteurs de culasse d'induit doivent être à peu près égales à la profondeur des encoches. C'est pourquoi les inductions indiquées (pour la culasse d'induit) sont souvent inférieures dans les machines multipolaires.

Résumé

Les inductions indiquées pour les dents se rapportent aux inductions réelles et non pas apparentes. Ces dernières peuvent être sensiblement plus élevées, surtout dans les dents du rotor des machines à pôles noyés.

En raison du moment d'inertie dynamique nécessaire, on donne fréquemment à la section du culasse de la roue polaire des machines à pôles saillants des dimensions si importantes qu'elles font descendre les inductions dans la culasse très en dessous des valeurs indiquées.

La section de la culasse du rotor des machines à pôles noyés est le plus souvent déterminée par des raisons de construction. Dans certaines circonstances l'induction dans la culasse doit encore dépasser la valeur de 1.5 T indiquée, [8].

Résumé

Annexe (5) :

La figure ci-dessous est relevée du guide de référence []

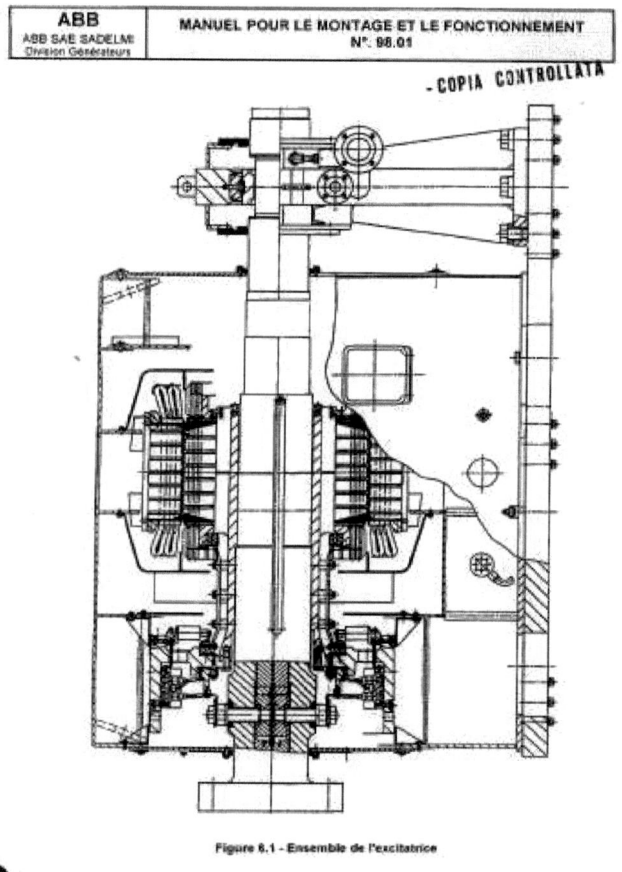

Figure 6.1 - Ensemble de l'excitatrice

Annexe (6) :

La figure ci-dessous illustrée l'ensemble de l'excitatrice et l'alternateur. [25]

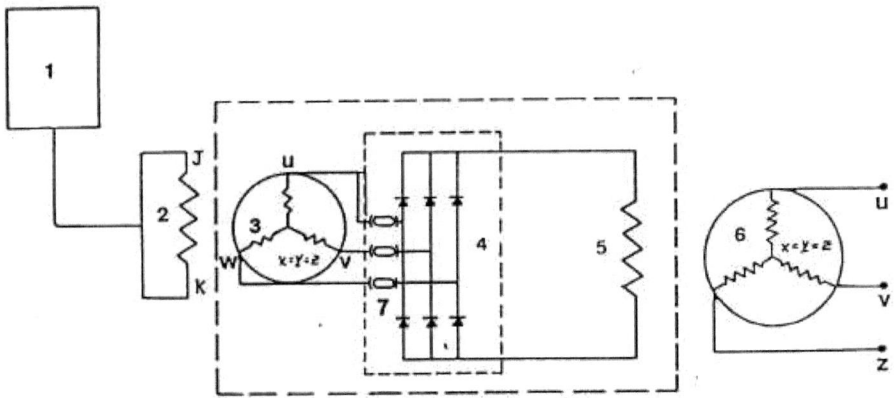

Oui, je veux morebooks!

I want morebooks!

Buy your books fast and straightforward online - at one of the world's fastest growing online book stores! Environmentally sound due to Print-on-Demand technologies.

Buy your books online at
www.get-morebooks.com

Achetez vos livres en ligne, vite et bien, sur l'une des librairies en ligne les plus performantes au monde!
En protégeant nos ressources et notre environnement grâce à l'impression à la demande.

La librairie en ligne pour acheter plus vite
www.morebooks.fr

OmniScriptum Marketing DEU GmbH
Heinrich-Böcking-Str. 6-8
D - 66121 Saarbrücken

Telefax: +49 681 93 81 567-9

info@omniscriptum.de
www.omniscriptum.de

Printed by Books on Demand GmbH, Norderstedt / Germany